기상의 구조

기상의 구조

추 효 상 저

전남대학교출판부

| 책머리에 |

우리나라는 중위도 지방의 삼면이 바다로 둘러싸인 사계절이 뚜렷한 기후를 가진 나라이다. 아지랑이 아른거리는 봄과 바닷가 해수욕장에 몸을 적시는 여름, 아름다운 단풍과 싱그러운 바람의 가을, 그리고 하얀 눈이 뒤 덮인 겨울 풍경을 볼 수 있는 나라이다. 그래서 우리나라는 기상에 대한 관심이 예로부터 유달리 강했다. 그러나 최근 들어, 지금까지 우리들이 보아왔던 기상현상들 외에, 지구 온난화, 도시의 열섬현상, 전 지구적인 엘니뇨현상, 집중호우, 오존층 파괴 등등, 지금까지 겪어보지 못한 많은 이상기후 현상과 재해를 맞아, 기상에 관한 관심은 더 없이 높아지고 있다.

기상도 공기라는 유체에 관한 여러 현상들이므로, 이들의 상태나 움직임을 알기 위해서는 유체역학이나 대기역학의 이해가 선행되어야만 한다. 그래서 기상을 바로 이해하기가 매우 어렵다. 적절한 해설서나 참고서를 찾아보지만, 여러 기상현상들이 연관되어 나타나므로 또 다른 기상현상을 이해해야만 한다. 이 책은 이러한 어려운 점을 채워주기 위해 우리 주변에서 쉽게 접하는 날씨와 관련된 기상현상들을 중심으로 기초지식이 없는 독자라도 알기 쉽게 저술하였다.

기상학의 모든 분야를 다 이해하려면 많은 시간과 노력이 필요하다. 이 책은 기상에 관한 어려운 물리나 역학적 내용을 가급적 배제하고, 현상에 관한 개념을 중심으로 서술하였다. 따라서 전문지식에 다소 만족스럽지 못한 부분도 있을 것이다. 그러나 저자는 일반인이나 대학 초년생들이 기상에 대한 관심과 흥미를 가지고, 우리 일상에서 일어나는 날씨와 기상에 관한 지식의 폭을 넓히는데 도움이 되었으면 하는 의도로 저술하였다. 아울러, 이 책이 앞으로 기상학을 공부하려는 사람에게 기상학을 이해하기위한 첫걸음을 내딛는 길잡이가 되었으면 하는 바람도 가져본다.

끝으로, 책 내용을 작성하는데 있어 참고문헌의 여러 저서와 최근 기상현상에 관한 위키 사전 및 유용한 인터넷 검색 정보들을 참고로 활용하였다. 관련된 모든 분들께 감사의 마음을 전한다.

2010년 8월

저자 추 효 상

| 차례 |

제1장 기상이 바뀌는 구조

제2장 구름과 강수 구조

제3장 바람이 부는 구조

제4장 이상기상의 구조

제1장 기상이 바뀌는 구조

1-1 한국에 사계절이 생기는 이유

우리는 해마다 봄, 여름, 가을, 겨울과 같은 사계절을 맞이한다. 실제 봄, 여름, 가을, 겨울이 나타나는 계절 변화는 지구상 어느 곳에서나 다 나타나지 않는다. 우리가 살고 있는 중위도 지방에서만 볼 수 있다. 꽃이 피고 새가 울며, 아지랑이가 아른거리는 봄, 무더워서 바닷가 해수욕장의 푸른 바다에 몸을 적시는 여름, 산과 들에 아름답게 물드는 단풍과 싱그러운 바람이 코 속으로 스며드는 가을, 찬바람과 하얀 눈으로 뒤 덮인 겨울 풍경 등은 모두 우리나라에서만 볼 수 있는 풍경이다.

1-1-1 사계절이 생기는 곳은 중위도 지역뿐이다

사계절이 있는 곳은 우리나라를 비롯해 북반구의 중위도 지대인 미국, 중국 일부와 일본, 유럽, 지중해 연안 국가, 남반구의 뉴질랜드, 오스트레일리아 등이다. 극지방에 가까운 고위도 지방은 겨울이 대부분이고 나머지 약간이 여름이다. 봄과 가을은 거의 없다. 또 적도와 가까운 저위도 지방은 대부분이 여름이고 나머지 계절은 거의 없다.

그러면 여름은 덥고, 겨울이 추운 이유는 무엇일까. 지구가 태양주위를 타원을 그리면서 공전한다고 해서, 지구가 태양에 가장 가까울 때가 여름이고, 멀 때가 겨울일 거라고 생각한다면 맞는 걸까. 그렇다면 북반구와 남반구 모두가 동시에 겨울이 되고, 여름이 되어야 한다. 지구의 공전궤도가 타원이라 하지만, 가장 긴축의 길이를 1이라 하면 가장 짧은 축의 길이는 0.9998에 해당하여 거의 원에 가깝다. 그리고 지구와 태양의 거리는 1월 2일경이 가장 가깝고, 7월 4일경이 가장 멀리 떨어져 있다. 실제 북반구의 크리스마스는 겨울이고, 남반구는 여름의 해수욕장에서 크리스마스를 맞이한다.

1-1-2 사계절이 생기는 이유

그러면 왜 중위도 지역에서만 봄, 여름, 가을, 겨울과 같은 사계절이 있는 것일까. 지구는 1,670km/h의 속도로 자전하고, 태양 주위 약 960,000,000km의 타원궤도를 공전한다. 지구는 자전축이 태양 공전면에 대해 직각이 되어 있지 않고 23.5° 기울어져 공전한다. 〈그림 1-1-1〉에 지구의 공전과 여름과 겨울의 태양 고도에 대해 나타낸다.

태양이 제일 남쪽에 왔을 때 태양과 지평면 사이의 각도를 태양의 남중고도(바로 섰을 때 머리 위에서 측정한 각도)라 하는데, 만약 지구가 〈그림 1-1-1〉의 (A) 지점에 있었다면 태양 광선은 우리나라가 있는

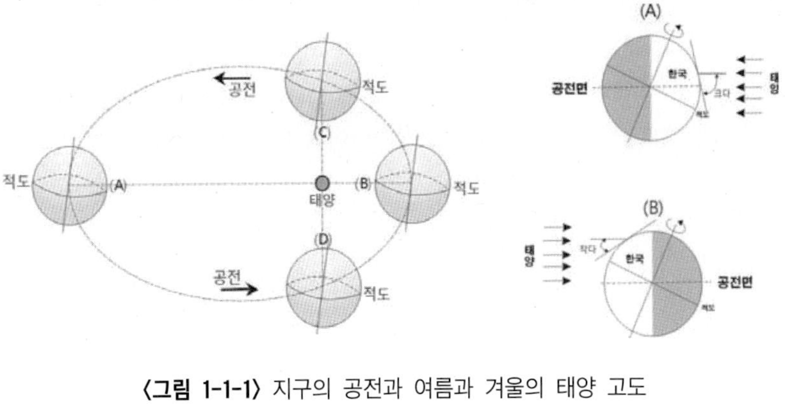

〈그림 1-1-1〉 지구의 공전과 여름과 겨울의 태양 고도

중위도 지역을 비교적 수직으로 비추겠지만, (B) 지점에서는 태양 광선이 기울어져 비추게 될 것이다. (C)와 (D) 지점은 그 중간이 된다. (A) 지점에 왔을 때 우리나라는 여름이 되고, (B) 지점에 왔을 때 겨울이 된다. (C)와 (D) 지점에서는 봄과 가을이 된다. 우리나라 서울 부근의 남중고도는 하지인 6월 21일경 가장 커서 약 75°, 동지인 12월 22일경 가장 작은 약 28°, 춘분인 3월 21일경과 추분인 9월 23일경은 약 51° 정도로 알려져 있다.

1-1-3 태양의 남중고도에 따른 태양열의 차

이처럼 중위도 지방의 여름이나 겨울에는 태양의 남중고도가 다르다. 여름은 태양이 높게 뜨고 겨울에는 그렇게 높게 뜨지 않는다. 따라서 중위도 지방은 계절에 따라 태양에서 받는 열의 양이 변화한다. 여름의 높이 뜬 태양으로부터는 단위 면적 당 받는 태양열의 양이 많다. 반대로 겨울에 낮게 뜬 태양으로부터는 태양열을 많이 받을 수 없다. 따라서 기온의 차가 생겨서 여름과 겨울이 생긴다. 봄과 가을은 그 중간이다. 한편 적도 부근의 저위도 지역이나 북극, 남극에 가까운 고위도 지방은 일 년 내내 덥거나 얼음으로 덮여 있다. 사계절을 만드는 주요한 원인은 지구의 공전, 자전이며 이로 인해 태양에서 받는 열의 변화 때문에 나타난다. 만약 지구가 경사져서 공전하고 있지 않다면 한국은 1년 내내 봄이나 가을의 기후만 있을지도 모른다.

1-2 지구의 자전과 공전

지구는 직경이 평균 약 12,700km이고 태양의 직경은 지구의 약 109배나 된다. 또한, 지구와 태양과의 거리는 약 150,000.000km나 되기 때문에 태양을 직경 5mm의 원으로 가정한다면 지구는 불과 0.05mm에 불과하다. 우리 눈에 보이지도 않을 정도의 티끌만한 점과 같을 것이다. 그리고 그 위치를 종이에 그려보면 태양 원에서 약 50cm 떨어진 작은 먼지와 같은 점이 될 것이다. 이 지구와 태양과의 거리는 중요한데, 만약 지구가 너무 태양 가까이 위치하면 물은 액체 상태로 존재하지 않고 비도 내리지 않을 것이다. 너무 멀리 떨어져서는 기온이 낮아 극한의 별이 될 것이다.

1-2-1 지구는 회전하면서 태양 주위를 돈다

그러면 왜 지구가 자전하고 공전하는가. 천문학자들의 이론에 의하면 지구를 비롯한 모든 별이나 행성들의 회전은 탄생 초기의 거대한 먼지구름의 회전에서 기인하였다고 보고 있다. 즉, 먼지의 밀도가 중심부분에 집중되면서 인력에 의해 자연스레 끌려오는 운동이 시작된다. 하지만 먼지구름의 밀도는 일정하지 않고, 군데군데 비교적 밀도가 큰 덩어리를 이루면서 중심부와 인력 경쟁을 하게 된다. 이러한 과정 중에서 회전이 일어난다는 것이다.

지구는 북극과 남극을 연결한 선을 축으로 해 24시간에 1회전하고 있다. 지구의 자전주기는 23시간 56분이지만, 태양의 공전운동 때문에 태양이 어떤 지점에서 남중하고 그 다음 남중할 때까지는 약 24시간이 걸린다. 이 태양 운동에 바탕을 두고 하루를 결정한 것을 태양일이라 하고 1년간 태양일의 평균을 평균태양일이라 하여 24시간으로 정했다. 이것을 지구의 자전이라 한다.

1-2-2 지구 회전운동의 변화

현재 지구의 자전축은 지구의 공전궤도면에 대해 약 23.5°기울어져 있다. 이 자전축은 고정되어 있는 것이 아니라, 마치 팽이의 꼭지가 흔들거리면서 도는 것같이 약 41,000년 정도의 주기로 22~24.5°의 범위에서 변화한다. 이 자전축의 기울기가 커지면 여름은 지금보다 더 더워지고, 겨울은 더 추워질 것이다(그림 1-2-1).

지구는 타원을 그리며 태양주위를 돈다. 현재는 북반구가 겨울인 12월이 남반구가 겨울인 6월보다 지구가 태양에 가깝다. 그러나 지구는 공전축 둘레의 타원궤도를 돌면서, 자전축은 달과 태양으로부터 짝힘

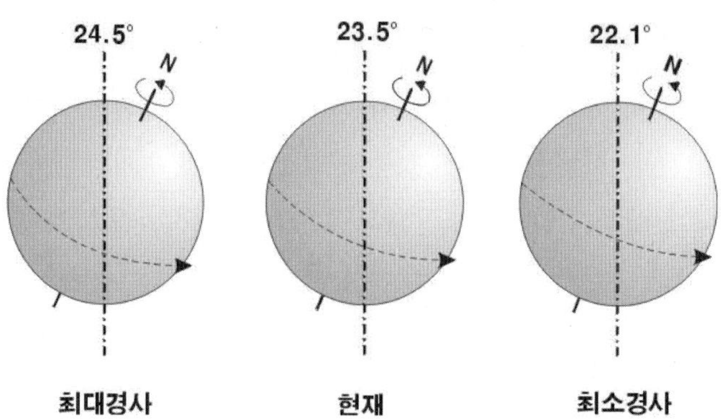

〈그림 1-2-1〉 지구 자전축 경사의 변화

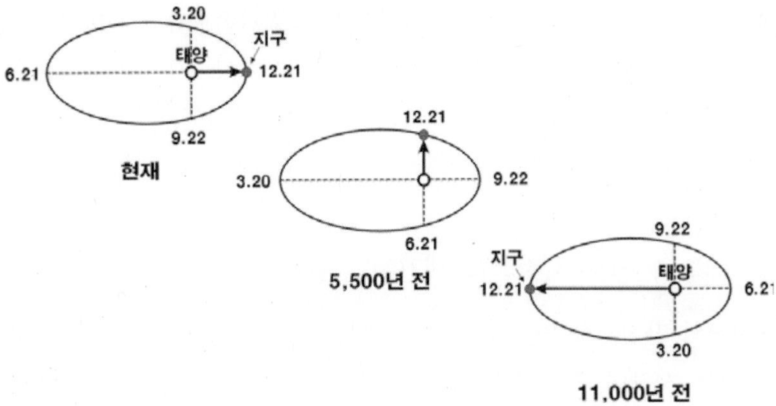

〈그림 1-2-2〉 지구의 세차운동으로 인한 춘분점의 이동

을 받아 약 22,000년 주기로 공전과 같은 방향으로 세차운동을 하고 있다. 따라서 11,000년 후 북반구가 겨울일 때는 지구가 태양으로부터 멀어지게 된다(그림 1-2-2). 이 세차운동 중에는 16년 주기 등의 주기가 짧고 진폭이 작은 운동이 있는데, 이것을 장동(章動)이라 한다. 세차운동이나 장동은 팽이의 회전운동에서도 관찰된다. 이러한 운동은 천구상의 별의 위치를 기준으로 해서 관찰한 지구의 회전운동이다.

1-2-3 지구는 회전 타원체

현재 천구에서의 자전축 방향은 북극성을 향하고 있다. 그러나 지구가 완전한 구 대칭이 아니라 적도반경이 극반경보다 약 21km 더 크다. 축구공으로 치면 누군가 축구공을 위에서 발로 밟아 놓은 것 같은 적도 쪽 반경이 볼록해 있는 타원체이다. 우리가 물리학의 계산에 자주 인용하는 중력가속도는 지구와 물체간의 만유인력에 의한 중력가속도와 지구 자전으로 인한 원심력의 벡터 합이다. 만유인력에 의한 중력가속도는 지구 중심과 물체간의 거리의 제곱에 반비례 한다. 따라서 지구의 반경이 극지방보다 큰 적도지방은 중력가속도가 극지방보다 작다. 그리고 지구 자전의 원심력도 적도지방이 가장 크다. 따라서 신체검사에서 체중이 너무 나가는 사람은 적도지방에서 측정하면 조금 줄어들지 모른다.

1-2-4 지구 자전으로 생기는 기상현상

지구의 자전으로 인해 태양은 뜨고 진다. 하루에 햇볕이 드는 시간과 없는 시간이 생기고 공기나 해수의 온도차가 생겨 바람이 분다. 자전하고 있기 때문에 생기는 현상은 많다. 바람은 기압이 낮은 장소로 불어 들어가거나 휘어져서 불어들어 간다. 지구가 자전하지 않는다면 태풍은 발생하지 않고 낮과 밤의 기온 차로 생기는 해풍, 육풍도 불지 않는다. 지구자전에 의해 생기는 지상의 기상현상도 많이 달라질 것이다.

1-2-5 지구의 공전

북극과 남극을 일직선으로 연결하는 축을 지축이라 한다. 지축은 꼬챙이와 같은 존재이다. 실제로 존재하는 것은 아니나 지축은 약간 기울어져 있다. 지구가 태양 주위를 도는 공전면에 대해 경사진 상태이다. 지구는 1년을 주기로 태양주위를 일주한다. 이것을 지구의 공전이라 한다. 이 지구 공전은 중세 신학자이던 니콜라우스 코페르니쿠스가 1543년 출간한 "천구의 회전에 관하여" 에서 지구와 태양의 위치를 바꿈으로써 지구가 더 이상 우주의 중심이 아님을 천명한데서 비롯되었다. 이것은 당시 누구도 의심하지 않던 프톨레마이오스의 우주 체계에 대한 정면 도전이었고, 이 도전은 지구가 우주의 중심이고 인간은 그 위에 사는 존엄한 존재이며, 우주의 천상계는 영원한 신의 영역이라고

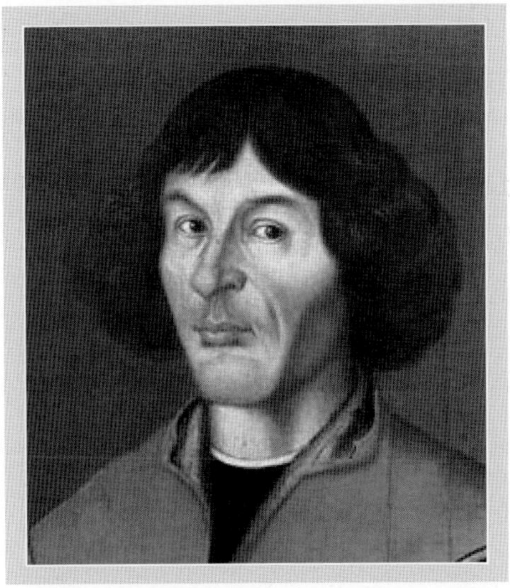

〈그림 1-2-3〉 지동설을 주장한 니콜라우스 코페르니쿠스

생각했던 중세의 우주관을 붕괴시키는 결과를 가져왔다. 그러나 코페르니쿠스의 이론은 관측 결과와 완전히 부합한 것이 아니어서, 이후 갈릴레오 갈릴레이, 케플러, 뉴턴과 같은 과학자들에 의해 수정되고 보완되어졌다. 이제 우리들 중 지구가 돌지 않는다고 생각하는 사람은 아무도 없다(그림 1-2-3).

지구가 태양 주위를 도는 것은 원운동으로도 해석할 수 있다. 태양과 지구사이의 만유인력이 지구 공전운동의 구심력이 되기 때문에, 일정한 원운동을 계속 유지할 수가 있는 것이다. 직선 운동하는 물체의 운동량이 보존되는 것처럼, 회전하는 물체에서는 각운동량이 보존된다. 즉, 한번 회전하는 물체는 외부에서 어떤 힘이 작용하지 않는 한 영원히 계속 회전한다는 뜻이다. 일부 세차운동 등의 영향으로 지구자전 속도에 변화가 있기는 하지만, 그렇다고 지구의 자전과 공전이 멈추지는 않을 것이다.

지축이 경사져 태양의 주위를 도는 것은 지구에 다양한 영향을 준다. 1년 중 위도에 따라 받아들이는 태양에너지 양이 변화한다. 적도 가까운 저위도 지방은 우기 또는 건기, 한국과 같은 중위도 지방은 사계절, 북극이나 남극과 같은 극지방은 하루 중 해가 지지 않는 백야가 생긴다. 지구의 자전과 공전이 있기 때문에 일기가 바뀌고 다양한 계절이 생긴다.

1-3 태양에서 받는 열의 양

태양은 지구의 109배 정도의 반경을 가지고 33만 배의 질량을 가진 큰 항성이다, 항성이란 자신의 에너지에 의해 빛나고 있는 별이다. 지구는 태양에서 1억5000천만km 떨어진 먼 장소에 위치해 있다. 그러나 태양의 표면온도는 절대온도 약 6000°K(절대온도는 -273.5℃를 0도로 하여 계산한 온도)로, 지구가 태양으로부터 받는 태양에너지의 양은 막대하다.

1-3-1 위도에 따른 태양복사량의 차이

지표면이나 대기 중의 기온을 지배하는 열원은 거의 태양에서 복사되는 에너지이다. 그러면 위도에 따라 지구가 받는 태양열에 차이가 나는 것은 왜 그럴까. 지구는 태양에 비해 매우 작아서 태양으로부터 오는 광선이 지구 전체를 똑 같이 비추어, 적도나 극지방 모두 같은 온도가 될 듯 생각되지 않았는가. 그렇지 않다. 〈그림 1-3-1〉과 같이 태양 광선은 지면을 비추는 각도가 지구상의 위도에 따라 다르다.

즉, 적도 부근은 수직으로 비추고, 극 부근은 경사져 비추게 된다. 태양이 지면을 비추는 각도에 따라 받는 열량에 차이가 생기는 이유는 〈그림 1-3-1〉의 오른쪽 그림과 같다. 동일 직경의 속이 빈 원통을 통과한 태양 광선은 그림 (A) 경우, 태양 광선이 도달되는 지면 L에 6개

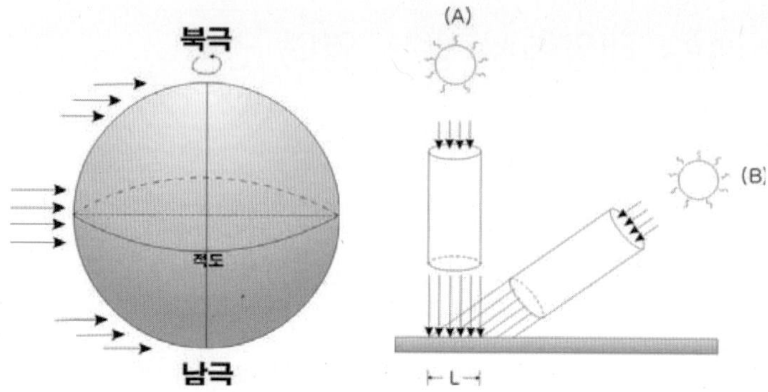

〈그림 1-3-1〉 위도에 따른 태양 광선의 차이

의 광선이 존재하나, (B)의 경우는 4개 밖에 도달되지 않는다. 같은 양의 햇빛이 도달 되더라도 비추는 각도에 따라 동일 면적의 지면이 받는 열량에 차이가 나게 된다. 즉, 같은 양의 태양 빛이 넓은 면적에 퍼지면, 단위 수평 면적이 받는 빛의 양이 감소하여 춥게 된다. 따라서 적도지방은 덥고, 극지방으로 갈수록 추운 것이다.

1-3-2 계절에 따른 태양복사량의 차이

그러면 중위도와 같은 지방에서 여름과 겨울의 기온 차는 왜 생길까. 그것은 ① 앞장에서 설명한 계절에 따른 태양고도 때문이다. 즉, 여름에 비해 겨울이 태양고도가 낮아 태양 광선이 대기 중을 비스듬히 통과하게 되기 때문이다. 남향집은 여름에 햇빛이 방안에 거의 들어오지 않는데, 겨울이 되면 방안 깊숙이까지 따뜻하게 쬐는 경험에서도 알 수 있다. ② 또 한 가지 원인으로, 태양광선이 수직으로 공기층을 통과할 때와 비스듬히 통과할 때, 공기층을 통과하여 지표면까지 도달되는 거리에 차이가 나게 된다. 태양 고도가 높은 여름보다 태양 고도가 낮은 겨울에 태양 빛이 대기 중을 통과하는 길이가 길다. 따라서 겨울은 태양열 에너지가 상대적으로 긴 거리를 지나게 되어, 대기층 내에 많이 흡수되고 지표면에 도달되는 열량은 줄어, 기온이 그다지 올라가지 않게 된다. ③ 여름과 겨울의 일조시간의 차이도 있다. 태양이 지평선 위에 머무는 시간은 여름이 길고 겨울은 짧다. 실제 동지와 하지에 서울지방 낮의 길이를 보면, 동지는 해돋이 시각이 7시 44분, 해지는 시각이 17시 17분으로 낮의 길이는 불과 9시간 33분인데 비해, 하지는 해돋이 시각이 5시 11분, 해지는 시각이 19시 57분으로 낮의 길이가 14시간 46분이나 된다.

1-3-3 태양열의 전달

태양 복사열은 지구에 도달해서 다양한 기상현상을 일으킨다. 실제 태양 복사열 중, 지구에 도달되는 양은 태양이 가진 에너지의 극히 일부인 20억 분의 1정도이다. 그렇더라도 여름의 더위를 생각하면 태양 에너지가 얼마나 막대한 것인지 상상할 수 있다. 태양열의 전달방법에는 전도, 복사, 대류라고 하는 3가지 방식이 있다.

(1) 전도

우리가 뜨거운 물체에 손을 대면 뜨겁게 느껴진다. 이것은 전도라고 하는 방식으로 열이 전달된 것이다. 열은 공기를 통해 잘 전도되지 않는다. 창문을 이중창으로 하여 창문과 창문사이에 공기를 갇히게 해, 방안의 따뜻한 공기를 바깥으로 전달하지 못하게 하는 것도 이 때문이다. 따라서 지구는 전도에 의해 태양으로부터 직접 열을 받을 수 없다.

(2) 복사

겨울철 난로나 장작불에 손을 가까이 대면 손이 따뜻해지는 것이 복사에 의한 열전달이다. 따뜻하게 느껴진 것은 주위의 공기가 더워져서가 아니라 불에서 열복사선(파장이 매우 작은 전자파의 일종)이 나와 불을 향한 면이 이를 흡수하였기 때문이다. 따라서 난로에 접한 면은 옷이 누를 정도로 뜨겁지만 뒷면은 조금도 따뜻하지 않다. 난로와 자기 자신 사이의 빈 공간을 통해 열이 전달된 것이다. 즉, 전도에 의해 몸이 따뜻해진 것이 아님을 알 수 있다. 열전도는 빈 공간 속에서는 잘 일어나지 않고, 고체와 같은 매체를 통해만 잘 일어난다. 공기층을 통과하는 것에는 소리가 들리는 음파, 방송국의 안테나에서 발사되는 전파나 긴 진공 속을 여행하여 지표면에 도달되는 태양광선 등이 있다. 음파는 공기가 없으면 전해지지 않으나 열복사선이나 전파나 광선은 진공 속에서도 전해진다. 이것들은 다 같은 전기와 자기의 파동인 전자파다. 단지 파장만 다를 뿐이다.

(3) 대류

물을 끓이면, 물이 아래로부터 데워지지 위로부터 데워진다고 생각하는 사람은 아무도 없다. 이것은 아래에서 데워진 물이 밀도가 작아 위로 올라가고, 위의 찬물은 밀도가 커 아래로 내려오기 때문이다. 윗부분을 냉각시켜 주어도 대류는 일어난다. 냉장고의 얼음을 내부의 위쪽에 놓도록 되어있는 것도 같은 이치이다. 이와 같이 열이 전달되는 방법이 대류이다. 대류는 액체와 기체에서만 일어난다. 앞에서 말한 열전도와 다른 점은, 열전도는 어떠한 물체 속에서 열만이 전해지는데 반해, 대류는 데워진 물체 자신이 이동하여 열을 운반하는 것이다. 원래 액체나 기체는 열을 전하기 어려우나 대류가 일어나면 열은 훨씬 더 잘 전해진다.

1-3-4 태양에너지의 일부만 지구에 도달 한다

태양은 복사에 의해 직접 우리들의 몸이나 지면을 데운다. 태양에

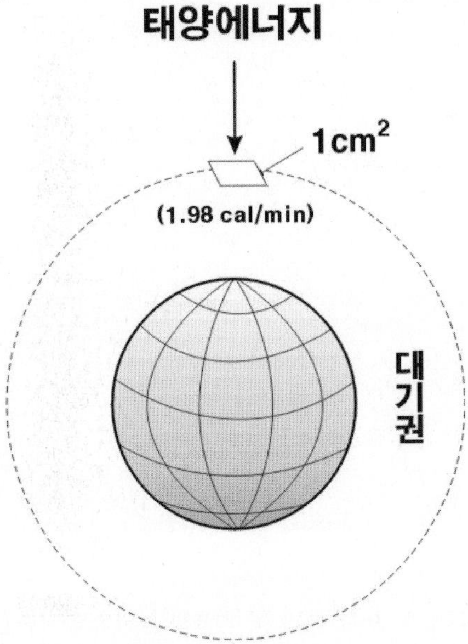

〈그림 1-3-3〉 태양상수

서 지구로 복사되는 복사열량을 계산해 보면 〈그림 1-3-3〉과 같이, 지표면에 입사되기 전 복사량의 세기는 태양 광선에 수직인 대기권 밖 $1cm^2$ 의 면적에 1분당 1.98cal의 열량이 들어온다. 이 값을 태양상수라 한다. 여기서 1cal란 담수 1g의 온도를 1℃올리는데 필요한 열량이다.

지구 대기 바깥 쪽 경계면에서 받는 태양복사량은 지구의 단면적 πR^2 (여기서 R은 지구 반경)에 태양상수를 곱한 값과 같다. 이 양이 24시간 동안 $4\pi R^2$ 넓이의 지표면에 분산되므로, 하루에 평균적으로 지구가 받는 양은 1분당 그 1/4인 약 $0.5cal/cm^2$이 된다. 지구 대기 맨 윗부분에 들어온 태양 복사량을 100이라 하고, 그 양이 지구에 도달했을 때 어떻게 변하는가를 〈그림 1-3-4〉에 나타낸다.

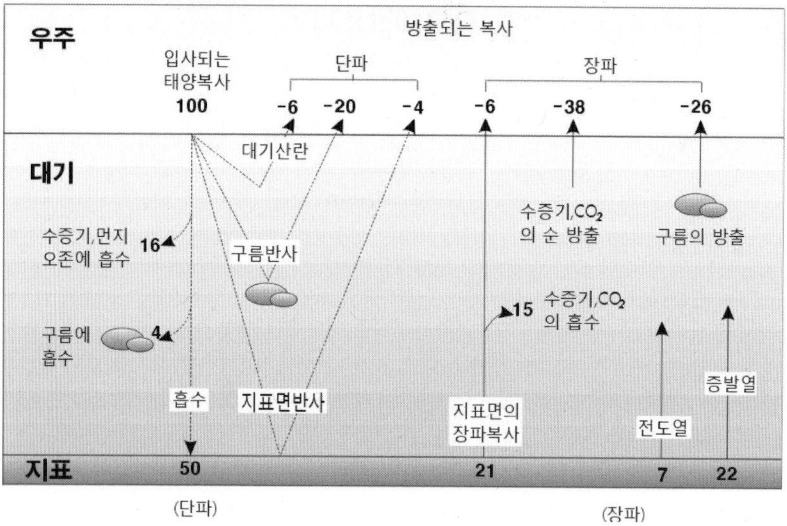

〈그림 1-3-4〉 대기 및 지표의 태양복사 유출입

들어온 복사량 중 30%는 대기에 의한 산란, 구름 및 지표에 의한 반사로 대기권 밖으로 나간다. 4%는 구름에 흡수되고, 16%는 대기 중의 수증기, 먼지, 오존 등에 의해 흡수된다. 나머지 50%는 지표면에 흡수된다. 한편, 지표면에 유입된 복사량 50%는 다시 지구 복사로 대기로 방출되고 대기와 구름에 흡수되었던 20%와 함께 우주로 방출되어 지구 전체의 열 균형이 이루어진다.

1-3-5 지표면의 장파복사

〈그림 1-3-4〉에서와 같이, 열의 복사는 태양에서만 일어나는 것이 아니라, 모든 물체는 그 온도에 따라 복사하고 있음을 알 수 있다. 그 양은 절대 온도의 4승에 비례($Q = c_s K^4$, 여기서 Q는 복사량, c_s는 스테판-볼쯔만 상수, K는 절대온도)한다. 따라서 물체의 온도가 높으

면 높을수록 복사되는 에너지는 크다. 또한, 그 최대 강도의 파장 ($\lambda_{max} = c_w/K$, 여기서 λ_{max}는 최대강도의 파장, c_w는 비인의 상수)은 절대온도가 높을수록 짧아진다. 따라서 절대온도 6000°K의 태양과 절대온도 280°K의 지구에서 내는 복사 에너지의 파장은 태양은 단파이고, 지구는 장파이다.

태양에서 복사된 에너지가 육지나 해양 표면에 도달해 흡수되는 것은 지구를 향해오는 전체 복사량의 약 절 반 정도이다. 일부는 대기 중의 구름에 반사되어 지표부근에 도달되지 않거나, 지표면에 도달해서도 지상의 눈, 해수면 등에 의해 반사된다. 또 지구는 밤이나 낮에도 더워진 열을 복사하고 있다.

대기가 존재하는 현실의 지표면 평균 온도는 약 15℃이다. 지구상에 대기가 없었다면 지표면의 평균온도는 -19℃가 될 것으로 추측된다. 그것은 대기 중 지표면의 장파복사를 흡수하는 수증기나 구름, 이산화탄소 등이 있기 때문이다. 대기 중의 수증기나 구름은 지표면의 장파복사를 흡수하여 데워짐과 동시에, 우주 공간과 지표면을 향해 다시 장파복사를 한다. 그 결과, 지표면은 태양의 단파복사와 이 장파복사에 의한 양쪽 열을 모두 받아 평균온도 15℃가 유지된다. 만약 수증기나 이산화탄소 그리고 대량의 열을 보유하고 있는 해수가 없다면 지구는 극단적으로 식어버린다. 우리들이 지구에서 생활이 가능한 것은 태양으로부터 열과 그것을 미세하게 컨트롤 해주는 이산화탄소나 수증기 그리고 광대한 바다의 덕분이다. 태양은 이처럼 지구의 많은 기상현상에 직접 영향을 주고 있고 있다.

1-4 기온

기온이란 대기의 온도를 말한다. 일반적으로 햇빛이 가려진 상태에서 10분간 통풍을 하여 얻어진 온도이다. 국제적으로 1.25~2m의 높이에서 관측하는데, 이것은 사람이 섰을 때 얼굴의 높이로, 우리가 숨쉬는 공기의 온도라고 생각하면 된다. 우리나라는 1.5m의 높이에서 관측하고 있다. 해상에서는 선박의 높이를 고려하여 약 10m에서 측정한 온도를 사용하고 있다.

1-4-1 기온 표시법

기온을 나타내는 방법으로 ① 한국 등 아시아 여러 나라가 사용하는 섭씨(℃, 물의 빙점을 0°, 비등점을 100°로 하고 그 사이를 100등분) ② 미국, 영국 등이 사용하는 화씨(°F, 물의 빙점을 32°, 비등점을 212°로 하고 그 사이를 180등분) ③ 이론 계산 등에 사용되는 절대온도(°K, 기체를 구성하고 있는 분자운동이 0이 되는 온도 또는 기체의 압력이 0이 되는 온도를 절대 0°로 하여 섭씨와 같은 방법으로 등분)가 있다. 〈그림 1-4-1〉에 이들의 관계를 나타낸다.

이들 관계로부터 섭씨와 화씨는 $^{\circ}C = 5/9(^{\circ}F - 32)$, 절대온도와 섭씨는 $^{\circ}K = 273 + {^{\circ}C}$ 이다.

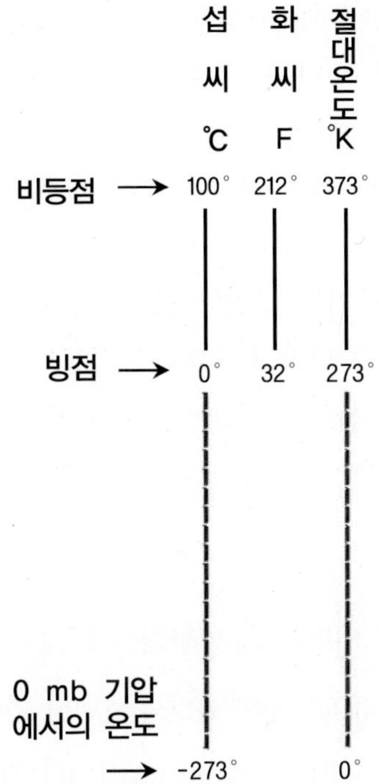

〈그림 1-4-1〉 섭씨, 화씨, 절대온도의 관계

1-4-2 기온 변화가 기상 현상의 근본 원인

기온이 오르내림에 따라 다른 기상 요소에 영향을 미치는데, 이 결과 새로운 기상현상이 일어난다. 따라서 기온 변화가 기상 현상의 근본 원인이 된다. 공기는 온도가 높아짐에 따라 수증기를 포함할 수 있는 능력이 커진다. 공기는 그 온도에서 수증기를 포함할 수 있는 최대량(포화)과, 그 온도에서 실제 공기 중에 포함된 수증기 양이 있다. 이 두 양의 비를 백분율로 나타낸 것을 상대습도라 한다.

같은 공기 덩어리에서 기온이 높아지면 상대 습도가 낮아지고, 기온이 낮아지면 상대습도는 높아진다. 따라서 기온은 일정한데 수증기가 외부에서 공급되어 포화에 이르든가, 수증기 양은 일정한데 기온이 낮아져 포화에 이르면, 공기 중의 수증기 일부분이 응결되어 작은 물방울이나 빙정으로 변하게 된다. 이것이 구름이 되고 안개가 되며, 비가 오고 시정이 나빠지게 된다. 또 지표면의 일부가 어떤 원인으로 가열되면 전도, 복사, 대류 및 난류의 과정을 거쳐 상공의 공기에 열이 운반된다. 열을 받은 공기는 주위의 공기보다 온도가 높아져 팽창되어 밀도가 감소한다. 일기 변화에 중요한 역할을 하는 공기의 상승운동이 시작되게 된다. 공기의 상승이 일어나면 그곳은 주위보다 기압이 낮아져, 상대적으로 기압이 높은 주위에서 공기의 수평 이동이 일어나 바람이 불게 된다.

1-4-3 기온의 일변화와 년변화

앞장에서 살펴 본 바와 같이, 지구에 유입된 태양 복사량 중 20%는 대기에 흡수되어 열로 변하고, 30%는 구름이나 지표면의 반사, 기체분자나 미세 먼지에 의해 산란되어 상실된다. 나머지 50%가 지표면에 흡수되어 열로 변하고, 더워진 지표면은 전도, 대류, 복사를 통해 공기를 덥히며, 지표면 부근의 기온은 난류나 물의 증발을 통해 대기 중에 운반된다. 따라서 태양 복사 에너지의 약 70%가 대기 기온을 상승시키는 요인이 된다. 지표면 부근의 온도는 지표면이 데워져도 즉시 공기에 전달되는 것이 아니라, 어느 정도 시간이 걸린다. 따라서 하루의 최고기온은 태양고도가 제일 높은 정오에 나타나지 않고, 1~2시간 후에 나타나며, 최저 기온은 일출 후에 나타난다. 태양복사에 의한 입사열과 지표(해양)에서의 방출열(기온)의 시간적 분포를 〈그림 1-4-2〉에 나타낸다.

〈그림 1-4-2〉의 일일 열평형에서, 하루 중 입사되는 최대 열량은 정

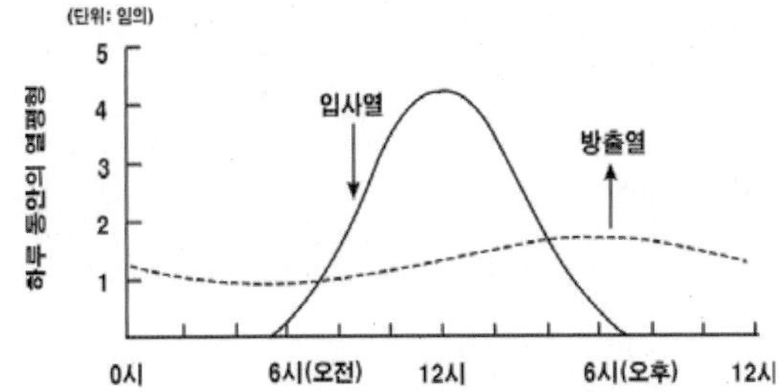

일일 열평형

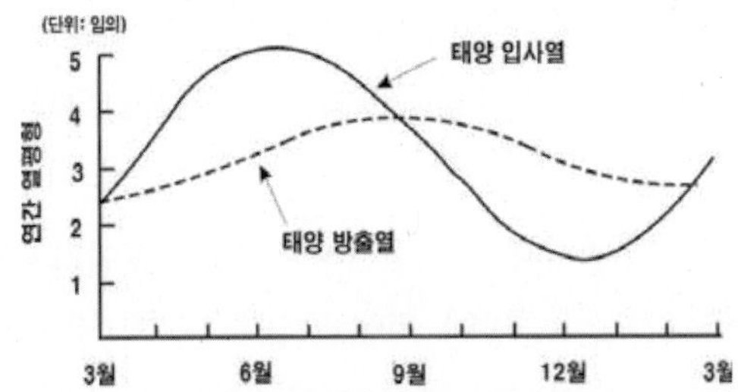

연간 열평형

〈그림 1-4-2〉 태양의 입사열과 해면의 방출열

오이나 해양을 통해 유출되는 방출열은 오후 2시경이 최대이다. 따라서 최대 기온이 나타나는 시기는 오후 2시경이다. 방출열이 최저인 오전 6시 40분경이 최저기온을 보이게 된다. 〈그림 1-4-2〉의 연간을 통해 보면, 비록 지상 기온과 차이는 있으나 방출열이 최대인 9월 초가 최대 온도이고, 2월 중순경이 최저이다. 즉, 최대 온도가 나타나는 시기는 태양 입사열이 최대인 시기보다 1일 중에는 2시간, 1년 중에는 약 2~3개월의 차이가 난다. 중위도~고위도 지방의 육지에서, 1년 최고 기온은 대략 7월 하순~8월 상순, 최저기온은 1월 하순~2월 상순에 나타난다.

1-4-4 기온의 분포

지표면 부근의 기온은 지표면의 성질과 지형의 영향을 크게 받는다. 그래서 같은 양의 태양복사를 받아도, 지표의 각 부분이 더워지는 비율은 같지 않으며, 지표면에 접한 공기 온도도 같지 않게 된다. 따라서 온도는 동일 시각이라도 장소에 따라 온도 차가 크다. 이러한 기온의 수평방향의 불균일한 분포가 바람을 일으키는 원인이 된다.

기온은 동일 시각이라도 수평방향 뿐만 아니라 수직 방향으로도 복잡한 분포를 나타낸다. 수직 방향의 기온 분포 상태는 공기의 수직 운동의 주된 원인이 된다. 기온은 일반적으로 상공으로 갈수록 낮아지는데, 그 원인은 ① 대기의 주 열원은 지표이므로 열원에서 멀리 올라갈수록 점차 기온이 낮아진다. ② 공기의 밀도는 높이가 증가할수록 급속히 감소하여 포함되는 열량이 적어진다. ③ 공기 덩어리가 상승운동을 하면 단열적으로 냉각되기 때문이다.

1-4-5 기온과 기압의 관계 (보일 · 샤르의 법칙)

공기가 상승하여 기압이 낮아지면 기온이 낮아지는 것은 구름의 발생과도 관계가 깊다. 그러면 기온과 기압의 관계를 살펴보자. 겨울에 캔 커피의 뚜껑을 따지 않은 채, 직접 불에 가열해 보자. 가열을 계속하면 어느 순간 꽝하는 소리와 함께 캔 커피가 터져 내용물이 산산이 날아가 버릴 것이다. 이것은 캔 안의 공기가 따뜻해지면서, 팽창하고 부피가 증가되어 캔 안의 압력이 높아졌기 때문이다. 터지기 직전 캔을 물로 차게 하면 터지지 않았을 것이다.

캔을 차게 하면 공기는 수축해 압력이 낮아진다. 따라서 터지는 것을 막을 수 있다. 캔 안의 온도가 변함에 따라 기압이 변하지만, 거꾸로 기압을 변화시켜도 같은 결과를 얻을 수 있다. 즉, 온도를 상승시키는 대신 기압을 높이고, 온도를 낮추는 대신 기압을 낮게 하는 것도 가능한 것이다. 이 법칙을 보일·샤르의 법칙이라 하며, 구름이 발생되는 구조와 관계가 있다. 수증기를 포함한 공기가 상승해 상공으로 올라가면 상공은 공기의 양이 적어 기압이 낮다. 따라서 상승했던 공기는 주변의 낮은 기압으로 인해 팽창되고 차가워져 공기는 노점온도에 도달, 더 이상 수증기를 포함할 수 없게 되어 물방울이 발생한다. 그 물방울의 모임이 구름이다. 이 보일·샤르의 법칙은 17세기 후반 영국의 물리학자 보일이 발견했던 보일의 법칙과 100년 후 프랑스의 물리학자 샤르가 발견한 샤르의 법칙을 합한 것이다.

1-5 대기의 구조

보통, 공기는 눈에 보이지 않는 것으로 생각해 별 의식 없이 지내지만, 공기는 다양한 성분으로 구성되어 있다. 우리들의 신체 활동에 없어서는 안 될 산소나 호흡에 의해 배출되는 이산화탄소, 공기의 4/5를 차지하는 질소, 물의 기체인 수증기 등 많은 종류의 성분이 포함되어 있다.

1-5-1 상공으로 갈수록 공기는 희박해 진다

이러한 공기는 분자로 구성되어 있다. 공기가 많은 분자를 포함하면, 공기는 짙어지고 분자량이 적으면, 희박하게 된다. 전체의 90%의 공기는 지상~상공 15km에 모여 있고, 더 높이 갈수록 공기 분자는 적어지기 때문에, 높은 산을 등산할 때 숨쉬기가 힘들어지는 것은 운동부족 탓만은 아니다. 이것은 공기 밀도가 감소하고, 산소도 같은 비율로 감소하였기 때문이다.

기체는 일반적으로 무게를 가지므로, 지표 부근의 공기층은 그 위의 공기층 무게를 지탱하고, 모래 산처럼 위로 올라갈수록 지탱하는 공기량은 감소하여 압력은 점차 줄어든다. 한편, 공기 온도는 대체로 지면에 흡수된 태양 복사 에너지에 의해 결정되므로 지면 부근이 높고, 고도가 높아질수록 낮아진다. 높이에 따라 일어나는 기온의 변화율은 지금까지의 실측 결과에 의하면 약 0.5~0.6℃가량 된다. 우리나라에서 가장 높은 백두산이 2,744m 이므로, 백두산 꼭대기는 평지보다 평균 15℃가량 낮은 온도로 계산되는 것이 보통이다.

앞에서, 더워진 공기가 상승함에 의해 바람이 생기기도 하고 구름이 만들어져 비가 온다는 것을 설명하였다. 그러면 더워진 공기는 어느 정도 어디까지 상승하는 걸까. 먼저 하늘 위쪽의 상태에 대해 살펴보자. 대기의 99.9%는 고도 0~50km까지 존재한다. 대기의 두께는 지구 반경(약 6,400km)의 약 0.8% 이하 이다. 컴퍼스를 사용해 반경 12.5cm의 원을 0.1mm 두께의 선으로 지구 크기를 그리면, 대기는 이 선의 두께 정도에 해당한다. 이 엷은 대기 층 내에서 실제 여러 기상현상이 일어난다.

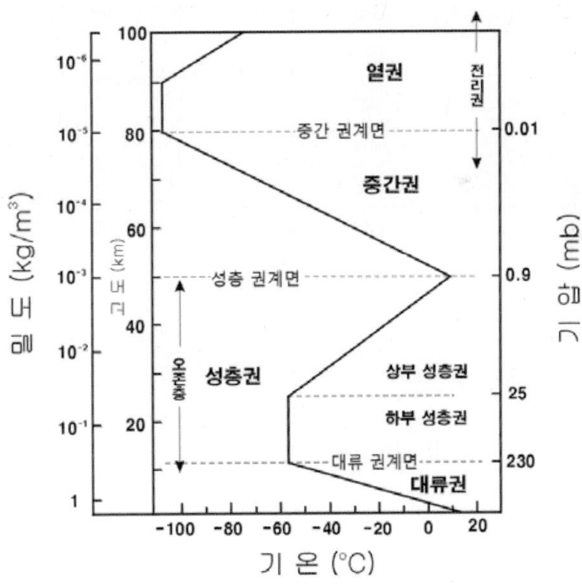

〈그림 1-5-1〉 대기의 연직구조

1-5-2 대류권 성층권 중간권 열권

〈그림 1-5-1〉에 표준대기의 연직구조와 〈표 1-5-1〉에 고도에 따른 기압의 변화를 나타낸다.

〈그림 1-5-1〉과 〈표 1-5-1〉에서와 같이, 대류가 활발한 대류권 하부에서는 1km 고도가 상승하면 기압은 100mb 하강한다. 연직 방향의 기온은 거의 일정한 비율로 감소한다. 고도에 따른 기온 분포를 보면 대류권, 성층권, 중간권, 열권으로 나뉘고 그 경계를 권계면이라 한다. 대류권계면의 높이는 위도에 따라 다르나, 보통 적도상에서 약 16km, 극지방에서 약 9km 정도이다.

〈표 1-5-1〉 지상 높이와 기압

지상에서의 높이(km)	기압 (mb)	지상에서의 높이(km)	기압 (mb)
0	1013	10	264
1	899	11	226
2	795	12	193
3	701	13	165
4	617	14	141
5	540	15	120
6	472	20	55
7	411	25	25
8	356	30	12
9	307	40	3

(주) 기온: 15℃, 대류권 기온감율: −0.65℃/100m, 대류권계면 높이: 11km.

(1) 대류권

우리 주변에서 일어나는 일기변화는 대류권 내인 지상에서 10~15Km의 범위에 지나지 않는다. 여기는 공기 분자가 꽉 차있어 문자

그대로 공기가 대류하고 있다. 구름을 형성하고 비가 내리고 바람이 부는 곳이다. 이 대류권 위쪽은 공기 분자량이 적고 기압도 낮아, 지상의 공기에 비해 1/5밖에 되지 않는다. 대류권계면은 공기가 대류 할 때, 뚜껑과 같은 역할을 한다.

(2) 성층권

권계면 위 50km까지를 성층권이라고 한다. 성층권에서는 고도가 높아짐에 따라 온도가 상승하고 고도 50km 부근에서 최대 0℃까지 오른다. 이것은 고도 25km 부근에 오존 최대층(인체에 유해한 태양자외선을 흡수해서 지상까지 도달시키지 않는 역할을 한다)이 존재해, 이 층이 자외선을 흡수함에 따라 나타난다. 공기의 대류가 없고 안정된 상태임으로 비행기는 권계면 바로 위를 나는 경우가 많다.

(3) 중간권

성층권 위가 중간권이다. 상공 약 80km 지점까지로, 기압은 지상의 만분의 일 이하이며, 공기 분자도 거의 존재하지 않는다. 중간권의 기온은 높이에 따라 감소하고, 고도 80km 부근 중간 권계면을 경계로 위층의 열권과 구분된다.

(4) 열권

열권은 높이가 높아지면 온도가 높아져, 태양활동이 활발한 때에는 1200℃까지 다다를 수 있으나 공기가 거의 없기 때문에 기압이 없는 것과 같다. 열권 내에서는 태양복사에 의한 자외선이나 그 이하의 파장을 가지는 X선, 전하입자 등에 의해, 산소나 질소의 원자와 분자가 이온화되고, 전하입자나 전자는 전리층을 만든다. 여기서 오로라가 발생한다.

1-6 대기대순환

태양은 지구 공기를 데운다. 더워진 공기와 찬 공기의 기온차가 생겨 공기는 움직이게 된다. 태양에서 지구 부근으로 내리쬐는 빛의 양은 적도 부근이 제일 많다. 적도 부근은 계절과 관계없이 덥다. 거꾸로 북극이나 남극과 가까운 극지방은 태양에서 열을 받는 양이 극히 적다. 양극 모두, 여름에도 기온이 낮다. 남극은 1년 내내 얼음에 덮여있는 상태이다. 이처럼, 대기의 온도 차이는 대기의 지구 규모의 대순환을 일으킨다.

1-6-1 대기대순환의 원인은 태양에너지

대기대순환을 일으키는 근본 인자는 태양에너지이다. 적도지방의 더운 공기가 상승하고 극지방의 찬 공기가 하강하는 대류(對流)에 의해 순환이 시작되며, 이 순환에 의해 에너지가 이동한다. 열대지방은 입사되는 복사량이 방출되는 복사량보다 많고, 중위도와 고위도에서는 입사량 보다 방출량이 많다. 단기간의 국지적인 평균값은 평형을 이루지 못하지만, 출입하는 복사량은 장시간에 걸친 전체 지구 계(系)에서 보면 평형을 이룬다. 그 이유는 바람이나 해류에 의해, 저위도 지방에서 고위도 지방으로 열 수송이 있기 때문이다. 저위도 지방은 남은 복사량의 일부를 고위도로 수송하고, 고위도지방에서는 열 수송을 받아 부

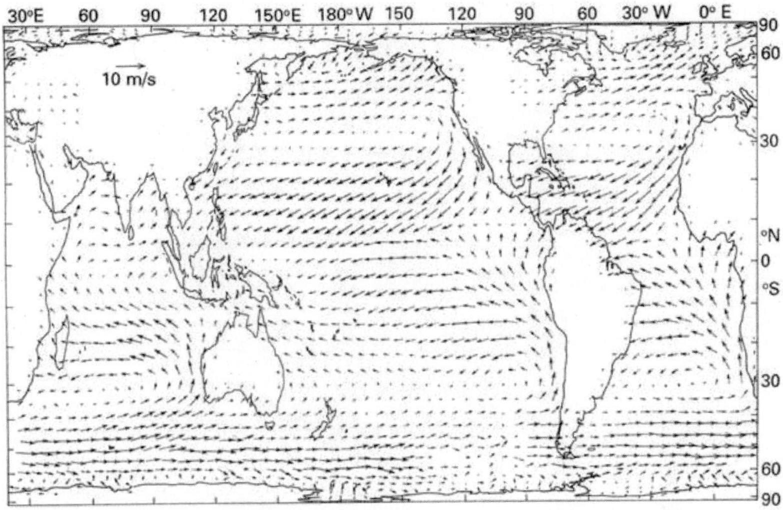

〈그림 1-6-1〉 해수면에 부는 연평균 바람

족한 열량을 얻게 된다. 따라서 한대지방에서 온도가 계속 하강하거나, 적도 부근에서 계속 상승하지 않는다.

대기대순환은 장기간의 대기의 평균상태를 말하는 것으로, 지구적인 규모에서 볼 때, 지역별로 특징적이고 지속적인 대기의 흐름 이다. 이 흐름은 북반구에서 크게 세 종류가 있다. 모두 지구 자전의 영향을 받아 바람 진행방향의 우측으로 기울어져, 남북으로 똑바로 불지 않고 서쪽이나 동쪽으로 편향된 바람이 된다. 뿐만 아니라, 해륙의 분포와 지표면의 특성에 의해서도 많은 영향을 받고 있다. 〈그림 1-6-1〉은 해수면에 부는 연평균 바람을 나타낸다.

1-6-2 무역풍 편서풍 극동풍

태양복사에 의해 가열된 적도의 더운 공기는 상승하여 극지방으로 이동하게 되므로 적도지방은 저압대가 형성되며, 이 저압대 내에서는

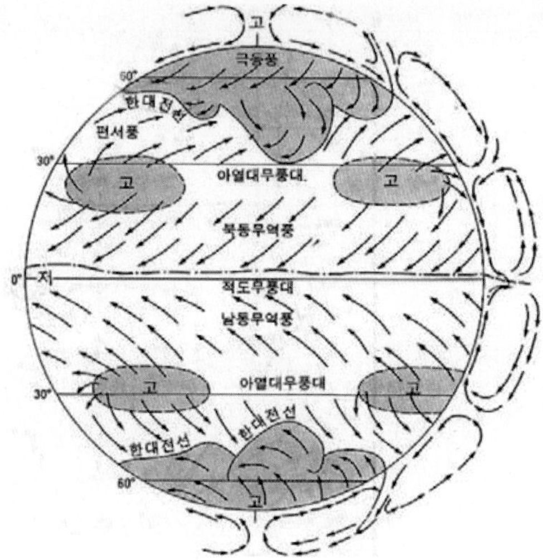

〈그림 1-6-2〉 대기 대순환과 지구상의 풍계

기압경도력(氣壓傾度力)이 약하여 바람이 약해 적도무풍대가 된다. 한편, 상승한 공기는 대류권계면 부근에서 남북으로 나누어지면서 편향력이 작용해 상공의 편서풍을 형성하지만, 하루에 1~2℃ 냉각되면서 북으로 이동하여 위도 30° 부근에 도달하였을 때는 이곳에서 하강기류를 형성한다. 하강 기류역은 밀도가 크게 되어 아열대고압대를 형성하게 되며, 매우 건조한 지역이 되어 세계의 대부분의 사막이 이곳에 위치한다. 〈그림 1-6-2〉는 대기대순환에 의한 지구상의 풍계와 순환을 나타낸 모식도이다.

(1) 무역풍(편동풍)

하강기류에 의해 형성된 중위도의 아열대고압대에서 불어나오는 공기는 그 일부가 적도로 되돌아가고 나머지는 고위도로 이동하게 되는데, 저기압지대인 적도지방으로 이동하는 공기는 편향하여 북반구에서는 북동풍, 남반구에서는 남동풍이 된다. 이것이 무역풍(편동풍)이다.

북동풍과 남동풍은 적도 부근에서 수렴하게 된다. 이 수렴대를 적도수렴대라고 하며, 기류가 상승하면서 많은 수증기가 응결하여 거대한 적운이 형성되는데, 이 과정에 막대한 잠열이 방출된다. 계절에 따라 남북으로 다소 진동하며 많은 비를 내리게 한다.

(2) 편서풍

중위도 부근에서 하강하여 고위도지방으로 이동하는 공기는 북동쪽을 향하여 부는 바람도 된다. 이것이 중위도 지대에 부는 남서풍이다. 이 바람은 상공으로 갈수록 서쪽으로 기울어 편서풍이 되므로, 위도 30°에서 60°에 걸친 지역은 광범위하게 서풍이 나타난다. 이것이 중위도 지방에 부는 편서풍이다.

(3) 극동풍

적도지방과 달리 극지방은 공기의 냉각으로 인하여 극고기압이 형성되고 이 고기압으로부터 불어나오는 공기는 편향되어 극동풍을 형성한다. 이것이 극 편동풍이다. 한편, 이 바람은 중위도에서 불어오는 편서풍과 위도 40~60° 부근에서 서로 만나 한대전선대를 형성한다. 이 전선대는 중위도 저기압 형성 역으로, 기류가 상승하여 부근의 여러 저기압과 더불어 많은 강수를 동반한다. 알류샨저기압, 아이슬란드 저기압과 같은 반영구적 저기압이 여기에 속한다. 이 전선면에서 더운 공기는 상승하여 일부는 극지방으로, 일부는 저위도로 이동하게 되는데 극지방으로 이동하던 공기는 편향되어 상공의 서풍을 형성한다. 한편, 저위도 지방으로 이동하던 공기는 전향력이 이 공기를 동풍이 되도록 영향을 미치지만, 전향력을 극복할 정도의 충분한 동쪽 방향 운동량으로 인해, 이 지역의 바람은 모든 상공에서 서풍이 된다.

1-6-3 직접순환과 간접순환

결과적으로 대기대순환은 열대순환, 중위도순환, 극순환 과 같은 3개의 순환을 가지고 있다. 열대순환과 극순환은 더운 공기의 상승과 찬 공기의 하강에 의하여 생기는 열의 대류로 인한 직접순환인데, 중위도순환은 두 개의 직접순환에 의해 생기는 간접순환이다. 이 간접순환은 마치 동력이 연결된 양쪽의 톱니바퀴 사이에 끼어 있는 동력 없는 톱니바퀴처럼 타의에 의해 일어나는 순환이다. 이러한 대기대순환은 3개의 연직순환과 3개의 풍계로 되어 있으며 북반구와 남반구의 풍계는 서로 대칭을 이룬다. 이처럼 대기는 1년을 통해 대규모로 순환하고 있다.

1-7 해류의 순환

지구 표면의 약 70퍼센트는 바다이다. 바다는 태양열에 의해 데워지고, 대류를 일으켜 해류라는 큰 흐름을 만든다. 무역풍이나 편서풍 등의 바람 영향도 크다. 해류는 계절이나 1년을 통해 강약은 있지만, 1년 중 변하지 않는 방향과 일정한 폭으로 흐르고 있다. 〈그림 1-7-1〉에 세계의 해류 분포를 나타낸다.

1-7-1 해수의 대순환

해면에 바람이 불면, 해수는 바람에 의한 응력으로 북반구에서는 바람에 대해 직각인 오른쪽으로 움직이며, 해수면에 압력의 경사가 생긴다. 한편, 지구는 자전하고 있으므로 편향력도 작용하여, 두 힘의 균형에 의해 해수의 흐름이 생긴다. 이처럼 지구상 풍계와 편향력이 균형을 이루어 생기는 표층 순환을 풍성해류(風成海流) 혹은 취송류(吹送流)라 한다. 북반구의 대양에서는 시계방향으로, 남반구에서는 반시계방으로 도는 순환류가 형성된다. 태양복사의 위도에 따른 차이로 적도지방에서 극지방 쪽으로는 난류가, 극지방에서 적도지방 쪽으로는 한류가 흐른다. 해류는 이처럼 전체적으로 저위도에서 고위도로 열을 운반한다. 바람에 의한 표층 순환 외에, 해류를 일으키는 또 다른 요인은 해수의 가열 · 냉각, 해빙(海氷)의 생성 · 용해, 해면으로부터의 증발 ·

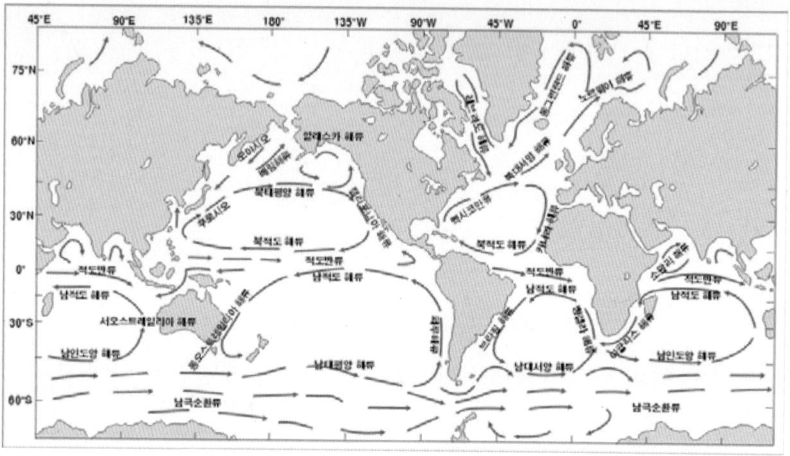

〈그림 1-7-1〉 세계의 해류 흐름

강수 등의 물리과정에 의한 심층 순환이 있고, 이 표층 순환과 심층 순환이 서로 이어져 해수 전체의 대 순환이 일어난다.

1-7-2 해류는 기상에도 영향을 준다

해류는 일상기상에도 큰 영향을 주고 있다. 우리나라 남해와 동해를 흐르는 대마난류는 〈그림 1-7-2〉와 같이, 적도 부근을 흐르는 따뜻한 북적도 해류로부터 필리핀 부근에서 북쪽으로 유입된 쿠로시오 해류의 일부로, 동 중국해 부근에서 분리되어 우리나라 남해를 거쳐 동해로 유입된다. 이 난류는 겨울에도 표면수온이 약 15℃의 해수온도(〈그림 1-7-2〉의 표면수온 분포)를 유지하고, 우리나라 남해 연안과 동해 남부 연안까지 영향을 준다. 따라서 우리나라 남해안과 동해 남부 연안 지역은 실제로 기온이 높고 따뜻하다. 이것은 따뜻한 대마난류 해류의 영향을 받기 때문이다.

해류가 사막을 만드는 경우도 있다. 남반구에 가늘고 긴 칠레라고

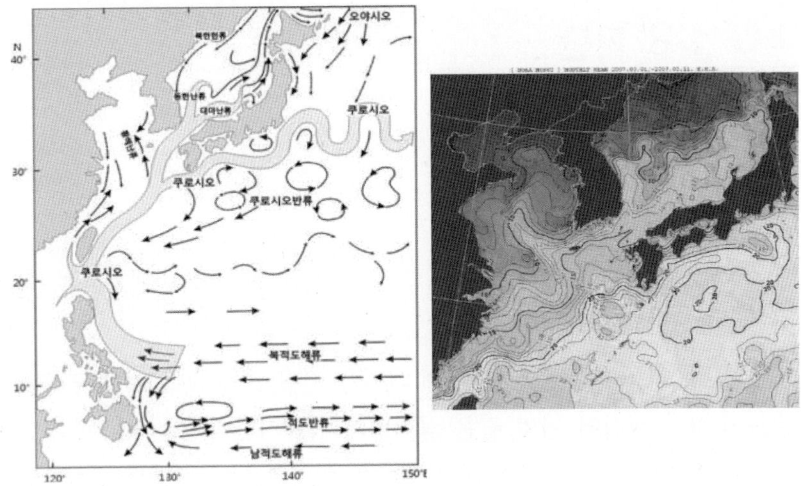

〈그림 1-7-2〉 우리나라 주변 해류도(1965~66 CSK 성과)와 한국 근해 표면수온 분포(기상청, 2007.3.1.~3.11.)

하는 나라가 있다. 칠레 서쪽 해안 부근에 아타카마 사막이 존재하고 있는데, 이것은 페루해류의 영향 때문이다. 페루해류는 찬 한류이기 때문에 부근의 공기가 차서 수증기를 거의 포함하고 있지 않아 비가 거의 내리지 않는다. 따라서 식물이 잘 자라지 못해 사막이 형성되었다. 이처럼 해류는 우리 주변의 기상이나 기후에도 큰 영향을 미친다.

1-8 기단

수평방향으로 우리나라 몇 배의 크기를 가진, 수증기 양이나 기온과 같은 물리적 성질이 거의 같은 공기덩어리를 기단이라 한다. 이 기단의 동태가 매일의 일기에 막대한 영향을 미치고 있다. 일기를 알기 위해, 기상학자들은 수세기 전부터 대기의 움직임과 지표면, 바다의 상태를 연구하였다. 그 결과, 지표의 성질이 비슷한 곳에 대기가 오랫동안 머물러 있으면, 공기는 점차 그 아래 지표의 특유한 성질을 가지게 되며, 매년 규칙적으로 변화하는 것을 알았다.

1-8-1 기단의 특성

기단이 형성되기 위해서는 동일한 성질의 넓은 지표면 혹은 해수면이 필요하다. 그리고 동일한 태양복사도 유지해야 한다. 기단의 발원지역은 기단의 성질을 결정한다. 대륙에서 발생되면 건조하고 해상에서 발생되면 습한 것과 같이, 발생지의 성질을 띠고 있다. 또한 발생지로부터 이동하면, 이동해 온 도중경로의 지표면이나 지리적 성질에 따라 변질된다. 태양열로 하층의 온도가 높아지거나 따뜻한 장소로 이동하면, 온도의 수직 감률이 커져 불안정한 상태가 된다. 그로 인해, 난류나 대류가 왕성해져서 적란운, 적운 등의 대류형 구름이 발생하기 쉽고, 때때로 뇌우도 발생한다. 하지만 대기 중의 먼지는 상공으로 운반되어 시정은 좋아진다. 반대로 기단이 냉각되면, 기온의 수직 감률이 감소해 역전현상이 일어나며, 층운이나 안개가 발생하여 시정이 나빠진다. 기단은 대류권 하반부(약 5km 이내) 현상이며, 보통 그 크기는 수평으로 수백~수천 km 정도이다. 발생지는 기압배치로 보아 정상적인 고기압권역 내이며, 대기대순환에서 보면 아열대고기압, 극고기압, 겨울철 대륙고기압 등이 해당한다.

1-8-2 한반도에 영향을 미치는 기단

우리나라는 온대기후로 사계절의 변화가 뚜렷하다. 봄, 여름, 가을, 겨울의 변화로 인해 계절마다 서로 다른 기상현상을 보이고 있다. 각 계절에 따른 기후의 변화는 기단이라는 큰 공기덩어리의 영향으로 나타난다. TV에서 자주 듣는 우리나라 주변의 기단들에 대해 알아보자.

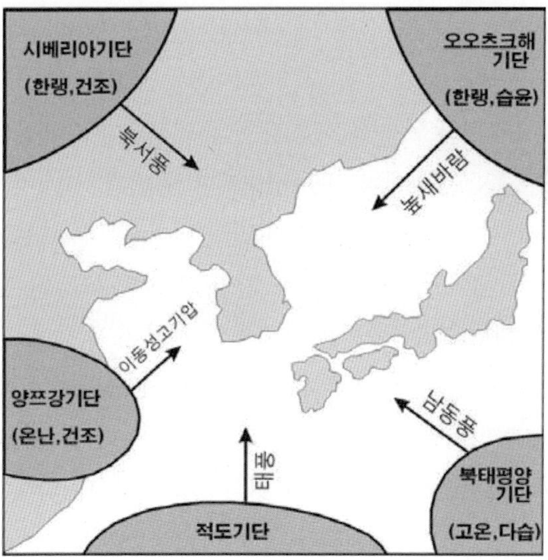

〈그림 1-8-1〉 한반도 주변의 기단

〈그림 1-8-1〉에 이들 기단의 위치와 특징을 나타낸다.

(1) 시베리아기단

시베리아기단은 우리나라를 비롯한 전 세계 북반구에 영향을 미치는 기단으로 겨울을 대표하는 기단이다. 시베리아기단은 대륙 북쪽의 시베리아 평원에서 발생한 기단이기 때문에 건조하고 온도의 변화도 큰 기단이다. 겨울철 시베리아 대륙은 몇 달 동안 햇빛이 비추지 않고 밤이 길어, 지표면이 열을 방출하는 복사냉각이 야간에 강하게 발달해 지면이 식는다. 그러면, 시베리아 대륙 위에 우리나라 면적의 몇 배 크기로, 대단히 차고 건조한 공기가 머문다. 온도가 매우 낮은 기단이므로 공기의 상승기류가 약해, 기단 상층부의 높이는 약 6~7km 상공에 형성된다. 이 기단은 늦가을~초겨울의 낮은 하늘을 형성하는 시기부터 불규칙한 늦봄 날씨까지 우리나라에 영향을 미친다. 봄의 꽃샘추위와 불규칙한 날씨는 시베리아기단의 쇠퇴기의 불규칙한 확장과 수축 때문에 나타난다. 겨울철 추운 날 매서운 찬바람이 부는데, 이것을 북서계절풍이라 한다.

시베리아기단이 건조한 성질을 갖는데도 불구하고 겨울철 우리나라에 눈이 오는 것은, 시베리아에서 출발한 공기가 시베리아 기단보다 비교적 따뜻한 서해와 동해를 통과하면서 바다로부터 수증기를 공급받기 때문이다. 동해의 울릉도에 눈이 많이 오는 이유도 이 때문이다. 반면, 서해는 동해보다 수심이 얕고 따뜻한 해류의 영향이 적어, 겨울철 수온이 동해보다 낮다. 따라서 해면으로부터의 증발이 동해보다 작아, 서해안에 내리는 눈의 양은 상대적으로 적다. 그러나 대기가 태백산맥을 타고 동해안으로 넘어갈 때 푄현상(높새바람)에 의해 영동지방에 큰 눈이 내리기도 한다. 시베리아기단은 주로 -60℃ 미만의 낮은 기온이 특징인데, 여름에 태양열이 강해지면 시베리아 대륙의 지표 온도가

20℃ 이상 오르면서 사라진다.

(2) 북태평양기단

6월부터 7월에 후덥지근한 장마가 시작된다. 이 장마는 북태평양기단과 오오츠크해기단이 만나서 형성된다. 북태평양기단은 북태평양의 드넓은 바다에서 발생한 기단으로, 습하고 무더우면서 매우 안정적인 대기의 성질을 갖고 있다. 바다는 육지에 비해 온도 변화가 크지 않아 넓은 지역이 거의 같은 온도를 나타내어, 등압선 간격이 넓고 바람이 약하다. 주로 봄에 크기가 확장되며, 가을에 점차 축소된다. 봄의 불규칙한 날씨에서 가을의 기상에까지 영향을 미친다. 한여름의 습도가 높고 불쾌한 날씨를 가져다 준다.

(3) 오오츠크해기단

오오츠크해기단은 봄부터 초여름, 그리고 가을에 주로 나타나는 기단이다. 발생장소는 북쪽의 오오츠크 바다로 해양성이지만, 기온이 낮아 습도는 상대적으로 낮다. 오오츠크해기단은 초여름 북태평양기단과 함께 우리나라에 장마전선을 형성하기도 한다. 북태평양 기단과 오오츠크해기단이 만날 때, 두 기단 모두 키가 크기 때문에, 공기가 높이 상승하여 기온이 크게 하강해 많은 구름이 만들어지고 비가 많이 온다. 또 이 오호츠크 해 기단은 가을의 청명하고 높은 가을하늘을 만들기도 한다. 오오츠크해기단은 여름 북태평양 기단의 세력이 확장되거나 겨울 시베리아기단이 확장될 때 기단의 성질을 잃고 사라진다.

(4) 양쯔강기단

봄이나 가을에 양쯔강 이남의 대륙에서 발생하며, 이동성 고기압에 동반되어 우리나라 상공으로 이동해 온다. 기온은 높지만 습도가 낮아 일반적으로 좋은 날씨를 보인다. 우리나라 서해나 동중국해를 건너오는 사이 냉각되어 안정화되기 쉽다. 또 수증기량이 적어 야간의 복사 냉각을 촉진시켜 기온의 일변화를 크게 한다. 늦봄에 늦서리를 내리어 농작물 피해를 줄 때도 있다. 중국대륙은 중위도에 위치하여 기단의 발원지로 적합하지 못하다. 그래서 양쯔강기단을 시베리아기단이 남하하여 변질된 것이거나, 북태평양 고기압이 변질되어 만들어진 것이라 보기도 한다.

(5) 적도기단

적도기단은 남태평양이 발생지로, 기온, 습도가 높아 소나기성 큰 비를 내릴 때가 많고 태풍에 의해 우리나라로 운반된다. 이 태풍은 필리핀 동쪽 해상에서 매년 수십 개씩 발생하며, 북태평양기단과 무역풍에 의해 만들어진 열대성저기압이 발달되어 형성된다.

1-9 전선

공기가 산과 같은 장애물에 부딪히면 산승운동을 일으키지만, 이러한 장애물이 아니더라도, 차고 무거운 공기와 따뜻하고 가벼운 공기, 즉 성질이 서로 다른 공기가 부딪힐 때 상승운동이 일어난다. 차고 무거운 공기가 머물러 있는 곳에 따뜻하고 가벼운 공기가 불어오면, 이 가벼운 공기는 찬 공기 위를 마치 산을 타고 불어 올라가듯이 상승한다. 이 상태는 물에 기름을 타 놓으면, 가벼운 기름은 위로 뜨고 무거운 물은 밑은 가라앉아 그 사이에 경계면이 생기는 것과 똑 같다. 이러한 경계면을 불연속면 혹은 전선면이라 하고, 이 면과 지상과 연결되는 선을 불연속선 혹은 전선이라 한다.

전선면이라고 해서 종이와 같이 얇은 것이 아니라, 두 기단이 혼합되어 있는 전이층(轉移層)으로 되어 있어 수 km의 두께를 가지고 있으며, 지표면에 대해 약 1/100의 경사를 가지므로, 전선도 수백 km 정도의 폭을 가진 선이다. 이러한 띠 모양의 폭을 가지는 영역을 전선대라 한다. 한편, 이러한 띠 모양의 영역을 기상학적 전선대라 하며, 북극전선대, 한대전선대와 같은 것은 기후학적 전선대라 한다.

1-9-1 전선의 발생

공기는 상상외로 혼합되기 어려워 기단과 기단이 부딪치면 경계가

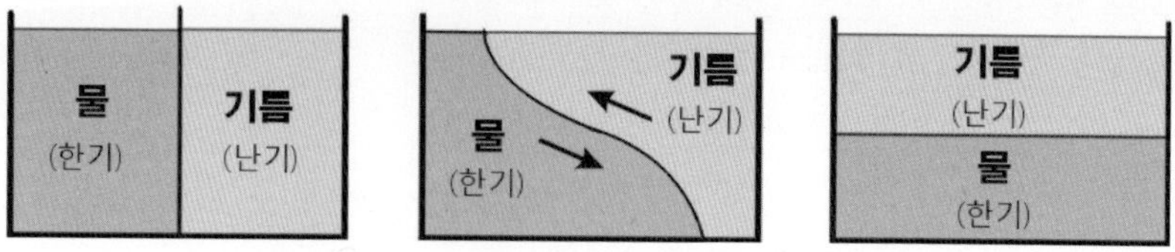

〈그림 1-9-1〉 물(한기)과 기름(난기)의 경계면

생긴다. 따뜻한 기단과 차가운 기단이 서로 이웃하고 있으면, 두 기단은 밀도차 때문에 차가운 기단이 따뜻한 기단의 아래로 쐐기 모양으로 파고들게 되고, 따뜻한 기단은 차가운 기단 위로 올라가 안정한 상태가 되려 할 것이다. 그러나 두 기단의 경계에서 밀도가 큰 기단이 아래로 잠입할 때, 지구에서는 지구자전에 의한 전향력이 대기에 대해 원심력의 역할을 하기 때문에 전선면은 지표면에 대해 수평이 되지 않고 기울어진다. 만약 〈그림 1-9-1〉에서와 같이 물과 기름의 두 유체를 용기에 넣고 가운데 칸막이를 제거하면, 기름은 점차 물위에 뜨고 물은 아래로 가라앉아 두 유체의 경계면은 수평이 될 것이다. 그러나 용기를 수직축을 중심으로 회전 시키면 두 유체의 경계면은 경사지게 된다. 즉, 중력 외에 원심력이 작용하여 경사가 유지되나 회전을 멈추면 경계면은 다시 수평이 된다.

1-9-2 전선역에서 날씨가 나빠지는 원인

그러면, 전선 부근에 강한 바람이 불고 구름이 많으며 날씨가 나빠지는 원인은 무엇일까. 두 기단이 안정된 상태는 처음에 서로 이웃해 있을 때 보다 위치에너지가 감소된다. 이러한 위치에너지의 감소부분이 운동에너지로 바뀌어 바람이 강하게 불게 된다. 다시 말해, 공기가 쐐기처럼 파고들거나 공기가 위로 타고 오를 때 공기의 이동이 생기고, 이것이 바람이 된다. 한편, 찬 기단이 밑으로 들어가면 따뜻한 기단은 계속해서 찬 기단 위로 올라간다. 그 때문에 단열 냉각이 일어나 수증기가 응결되고 구름이 발생하여 비가 내리기 시작한다. 또, 이때 응결에 의한 잠열이 방출되면서 주위의 기온을 높이기 때문에, 공기는 계속 상승이 촉진되어 온난 기단 내의 바람은 점점 강해진다.

1-9-3 전선의 위치 찾는 법

전선의 위치를 파악하는 일반적인 방법은 다음과 같다.

① 전선은 갑자기 발생하거나 갑자기 소멸하는 일이 없으므로, 전 시각의 일기도로부터 연속적으로 추적할 수 있다.

② 전선은 기압경도가 불연속을 이루므로 등압선이 급격히 굽어지는 곳이나, 등압선은 평행해도 그 간격이 급격한 변화를 이루는 지역에 위치할 가능성이 크다.

③ 전선은 기압이 변화하는 경향이 불연속이므로, 기압의 상승과 하강지역의 경계선 부근에 있을 가능성이 크다.

④ 전선은 성질이 서로 다른 기단의 경계이므로 기온, 노점온도가 불연속을 이루어 그 등치선이 밀집되는 지역이며, 풍향도 불연속을 이루어 풍향이 급변하는 지역이다.

⑤ 전선에서는 일반적으로 일기가 악화된다. 강수 등 나쁜 일기가 줄지어 나타나는 지역에 전선이 있을 가능성이 크다.

1-9-4 한랭전선과 온난전선

따뜻한 공기와 찬 공기가 만나 서로 균형을 이루어 움직이지 않는 정체전선이 생기면, 전선은 한 장소에 멈추어 장기간 지상에 대량의 비를 내리기도 한다. 난기단과 한기단의 균형이 깨어져 찬 공기와 따뜻한 공기가 혼합되려 하면 따뜻한 공기는 상승을 개시한다. 상승기류는 저기압을 발생시키고 구름을 형성하여 비를 내리게 하는 원인이 된다. 이 때, 따뜻한 공기의 상공의 형태에 따라 한랭전선과 온난전선이 생긴다. 그러면 각각의 전선에 대해 살펴보자.

북쪽의 찬 공기 기단과 남쪽의 따뜻한 공기 기단이 만나면 따뜻한 공기가 찬 공기보다 위로 올라가려 하므로, 상승기류가 형성되고 구름이 형성된다. 전선 부분은 온도차가 있으므로 기압차가 생기고, 공기가 파동을 이루면서 저기압이 형성된다. 전선은 보통, 관련되는 공기의 운동에 의해

(1) 한랭전선

〈그림 1-9-2〉와 같이 북으로부터 찬 공기의 힘이 우세하여 찬 공기가 남쪽의 따뜻한 공기를 밀어내고 찬 공기가 따뜻한 공기 아래로 기어들어 갈려고 할 때 생기는 전선이다.

(2) 온난전선

반대로 남쪽으로부터 따뜻한 공기가 우세하여 북쪽의 찬 공기를 밀면서 진행하게 될 때, 따뜻한 공기가 찬 공기 위를 타고 오르면서 생기는 전선이다.

전선은 거의가 저기압에 동반되는 것이며, 한랭전선과 온난전선이 마주치는 곳에 저기압의 중심이 있다. 북반구에서 한랭전선은 저기압 중심에서 남서쪽으로 형성되고, 온난전선은 동쪽에 만들어진다. 두 전선 모두 구름이 발생해 비가 내리지만, 동반된 구름의 분포는 난기단 쪽의 기류가 상승기류인지 하강기류인지에 따라 다르다.

(3) 한랭전선의 날씨

〈그림 1-9-2〉의 한랭전선에서는 적운형 구름이 발생하고, 좁은 범위에 많은 양의 비가 한꺼번에 쏟아지거나 뇌우를 동반하고 북쪽에서 돌

풍이 불 때도 있다. 또 기온이 급격히 떨어진다. 기상변화는 더운 공기가 밀리는 방향으로 진행한다. 봄에 종종 천둥과 돌풍을 동반한 강한 비와 우박이 내렸다가, 날씨가 갠 후 화창해지고 기온이 내려갈 때가 있는데, 이것이 한랭 전선에 동반되는 전형적인 날씨 변화이다.

(4) 온난전선의 날씨

〈그림 1-9-2〉의 온난전선에서는 층운형 구름이 발생하고 넓은 지역에 걸쳐 적은 양의 따뜻한 비가 오랫동안 내린다. 기상변화는 찬 공기가 밀리는 방향으로 진행한다.

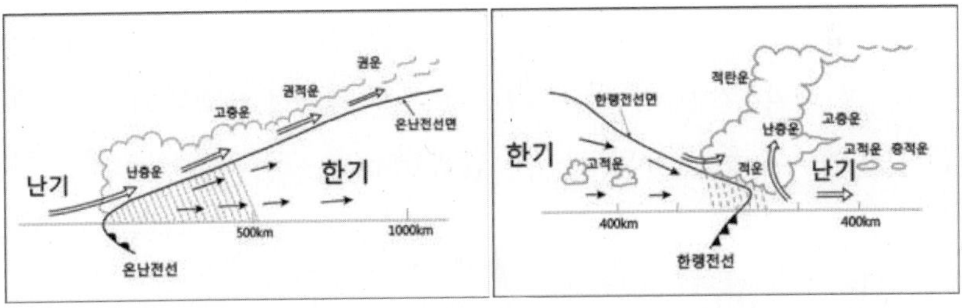

〈그림 1-9-2〉 온난전선과 한랭전선의 공기 흐름과 구름

1-9-5 온대저기압과 전선

이러한 한랭전선과 온난전선이 발생하면서 생기는 저기압이 온대저기압이다. 북쪽의 찬 공기가 남하할 경우 한랭전선이 생기고, 그 중심에 온대저기압이 발달하기 시작한다. 북쪽에서 찬 공기가 내려오면 찬 공기는 따뜻한 공기를 파고들며, 따뜻한 공기는 차가운 공기에 밀려 북쪽의 찬 공기 위로 올라 탈 수밖에 없다. 따라서 온대저기압에는 두 전선이 같이 발생한다. 이 저기압은 일종의 도미노현상 같은 대기 회전현상으로, 남쪽의 따뜻한 공기와 북쪽의 찬 공기가 서로 순환되는

과정이라 할 수 있다.

1-9-6 폐색전선과 정체전선

전선에는 또 폐색전선과 정체전선이 있다.

(1) 폐색전선

우리나라와 같이 온대에서 발생하는 저기압은 한랭전선과 온난 전선이 동반되는데, 한랭전선이 온난전선보다 빠르기 때문에 온난전선을 한랭전선이 추월하게 된다. 이때 만들어지는 전선이 폐색전선이다. 폐색전선은 〈그림 1-9-3〉와 같이 한랭전선과 온난전선이 합쳐진 것으로, 온난전선의 앞에 있는 찬 기단과 한랭전선 뒤에 따라오는 찬 기단에 기온차가 생겨 〈그림 1-9-3〉의 (A)와 같은 한랭형 폐색과 (B)와 같은 온난형 폐색의 두 종류의 전선이 발생한다.

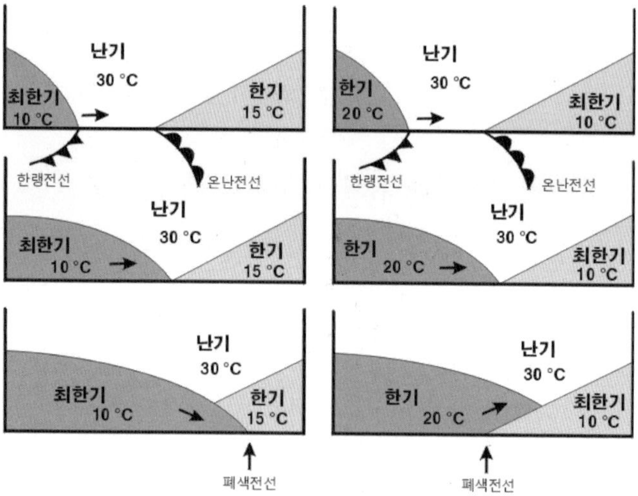

(A) 한랭형 폐색전선 **(B) 온난형 폐색전선**

〈그림 1-9-3〉 폐색전선

(2) 정체전선

한랭전선은 찬 공기가 따뜻한 공기보다 세력이 강한 것이고, 온난전선은 따뜻한 공기가 찬 공기보다 강한 것을 말하나, 〈그림 1-9-4〉와 같이 찬 공기와 따뜻한 공기의 세력이 비슷할 때는 전선이 이동하지 않고 오랫동안 같은 장소에 정체 한다. 이것을 정체전선이라 한다. 경우에 따라 남북으로 다소 이동하기도 하나, 그 이동 범위는 좁다. 장마철에 형성되는 장마전선이 대표적인 예이다.

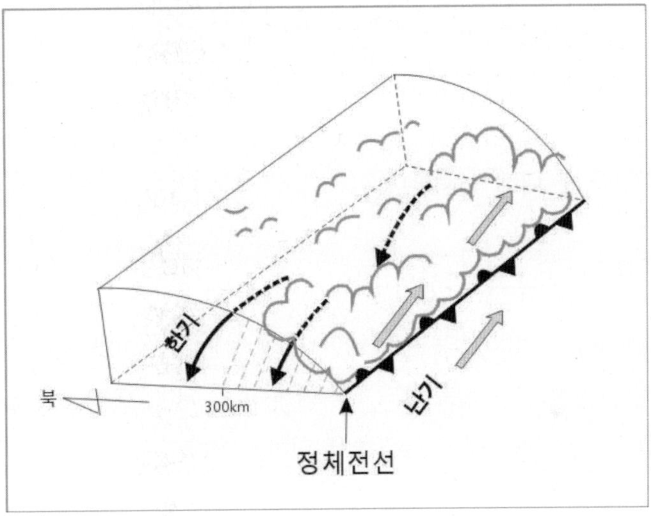

〈그림 1-9-4〉 정체전선

1-10 기후 변화

앞장에서 태양열에 의해 공기가 움직이고 해수가 움직인다고 했다. 해류나 편서풍은 계절에 따라 다소 변동하지만, 일 년간 거의 같은 방향으로 흐르거나 분다. 지금까지는 매일 매시간 바뀌는 기상에 대해 알아보았으나, 이 장에서는 수 십 년간의 수온이나 강수량 변화에 의한 기후변화에 대해 살펴본다.

1-10-1 기후와 기상의 차이

기상(날씨)은 지구를 둘러싼 대기 중에 일어나는 현상 전반으로, 우리가 매일 경험하는 하루 또는 일주일 단위의 기온, 바람, 비, 눈 등의 대기상태를 말한다. 매일 뉴스에서 접하는 '오늘은 비가 오고 바람이 분다' 또는 '내일은 맑고 더울 것이다' 등의 정보가 기상이다. 반면에, 수십 년 장기간 특정 지역에서 측정된 기상의 평균적 상태를 기후라 한다. 예를 들면, 동남아시아는 일 년 내내 덥고 습한 아열대기후이고 우리나라는 사계절이 뚜렷한 중위도에 속한 온대기후 등을 말한다.

1-10-2 기상이변이란

한편, 기상이변이란 항상 일정하던 정상적 기상현상이 갑자기 다르게 나타날 때로, 보통 30년간의 기상과 다른 기상 현상을 말한다. 한여름의 갑작스런 우박, 세찬 천둥 번개, 초특급 태풍, 긴 장마나 가뭄 등도 여기에 포함된다. 대부분 인간 생활에 큰 피해를 끼치며, 최근 그 빈도와 강도가 더해지고 있다.

1-10-3 기후변화의 요인

기후변화는 세계적 규모의 기후 혹은 지역적 기후의 시간 변화를 말한다. 10년~수백만 년 동안 대기의 평균적 상태의 변화를 의미하는데, 이러한 변화는 ① 지구 내부적 요인(지구공전궤도, 대기성분, 화산활동, 지표면 지형, 알베도 변화)이나 ② 외부적 요인(일사량 변화) 및 인간 활동(온실가스 배출, 에어로졸 농도 증가, 삼림파괴)에 의한 것일 수도 있다.

현재 기후변화의 가장 분명하고도 눈에 띄는 예가 기온 상승이다. 〈그림 1-10-1〉은 150년간 세계의 평균 기온 변화를 편차로 나타낸 것으로, 19세기 후반 이후 지구의 연평균 기온은 0.6℃ 이상 상승하였다. 지구의 평균온도는 지구를 감싸는 대기에 의해 유지된다. 대기는 온실

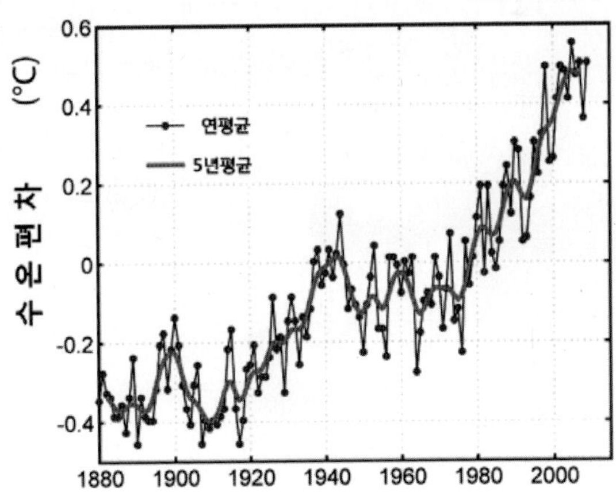

〈그림 1-10-1〉 세계의 평균 기온 변화 (NASA/GISS, 2010)

효과를 통해 지구의 평균온도를 유지한다. 그러나 산업화가 진행되면서 인간이 인위적으로 배출하는 온실가스(이산화탄소, 메탄, 아산화질소 등)가 늘어나, 태양열이 과거보다 지구 밖으로 빠져나가는 양이 적어 온도가 상승하는 지구온난화가 진행되고 있다.

1-10-4 쾨펜(Koppen)의 기후구분

지구상에 나타나는 여러 기후를 그 공통적인 특성과 유사점에 의해 몇 가지 유형으로 분류하는 것을 기후분류라 한다. 기후를 세계적 레벨로 생각하여 분류한 사람이 있다. 독일 기상학자 쾨펜이다. 쾨펜은 기후환경의 차이를 충실하게 반영하는 환경적, 경험적 여러 현상의 분포로부터 세계의 기후구분을 시도하였다. 현재 널리 사용되고 있는 것은 1923년 완성되어 1928년 세계기후도로써 간행된 것이다. 그는 세계기후를 기온, 식생, 강수량을 기본으로 크게 다섯 가지로 분류했다. 이것이 현재까지 잘 알려져 있는 쾨펜의 기후구분이다. 그는 식생이

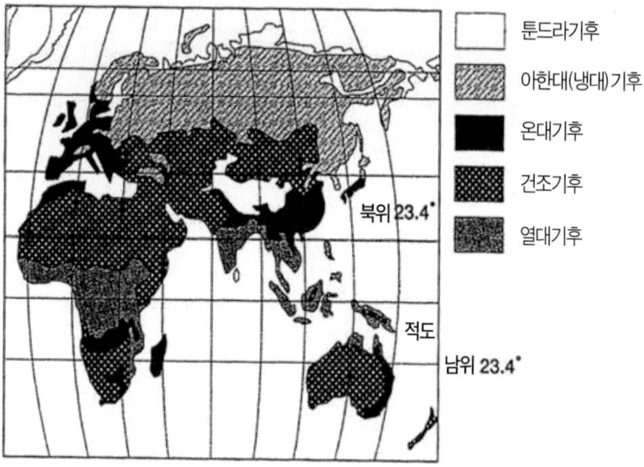

〈그림 1-10-2〉 쾨펜의 기후 구분

기후에 가장 좌우되기 쉽고, 의식주 전반에 걸친 인간생활이 식생과 매우 밀접한 관계가 있기 때문에, 수목(樹木)생육에 필요한 기온의 고저(高低)와 강수량의 많고 적음을 기초로 하면, 기후를 잘 구분할 수 있을 것이라 생각했다. 〈그림 1-10-2〉는 쾨펜의 기후 구분 중 일부이다. 이 그림에 의하면 아시아, 유럽, 아프리카 지역이 어떠한 기후이고 어떠한 식물이 자란다는 것을 알 수 있다.

1-10-5 우리나라의 기후구분

쾨펜에 의하면, 남북으로 긴 한반도는 남북으로 1월 평균 기온 -3℃를 기준으로 북쪽의 냉대와 남쪽의 온대 기후로 구분된다. 기후의 남북과 동서차를 고려해 좀 더 세부적으로 분류한 결과(그림 1-10-3)를 보면, 냉대를 ① 개마고원형 ② 북부형 ③ 중부형으로, 온대를 ① 남부형 ② 남해안형 ③ 대구특수형 ④ 울릉도형으로 구분한다. 북부형과 남부형은 다시 ① 서안형 ② 내륙형 ③ 동안형으로 구분된다.

이들 중부 서안과 중부 내륙, 남부 동안형의 특징을 살펴보면,

① 중부 서안형은 겨울에 북서 계절풍의 영향을 많이 받고, 다른 두 지역에 비해 낮고 평평한 지형의 영향으로 강수량이 비교적 적다.

② 중부 내륙형은 다른 두지역보다 기온차가 심한 대륙성 기후로, 중국에서 이동해 오는 이동성 저기압의 풍상 쪽에 해당하여 강수의 여름 집중률이 매우 높다.

③ 태백산맥 사면에 위치한 남부 동안형은 지형(태백산맥)에 따른 푄현상이나 바다의 영향으로 같은 위도 상에 위치한 다른 두 지역에 비해, 겨울 기온이 온난하며 겨울에 북동 기류가 발생할 경우 많은 눈이 내린다.

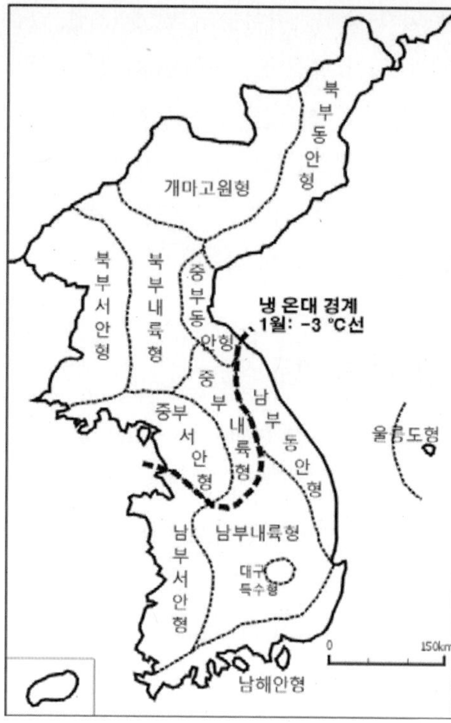

〈**그림 1-10-3**〉 우리나라의 기후 구분

이처럼 이들 지역은 거의 동일 위도 상에 위치하나, 바다와의 거리, 지형, 바다의 영향과 같은 기후 인자의 작용으로 각기 다른 기후 특색을 보인다. 기후 구분은 큰 범위를 가진 평균적 형태이다.

1-11 대표적 기압배치와 사계절 기상

기상예보는 아직 기상학적 이론만으로 해결할 수 없는 부분이 많이 있다. 따라서 보조 수단으로 여러 방법을 사용하고 있다. 예를 들어 유사일기도를 고르는 것도 그 방법 중 하나이다. 이것은 등압선 형식이 동일하면 거기에 따라 일어나는 기상 상태도 유사하게 나타난다는 사실에 근거한 것이다. 유사일기도는 단지 등압선 형식만 비슷해서는 별 의미가 없고, 그 상태가 될 때까지의 변화의 과정도 비슷하지 않으면 안 된다. 그래서 실제 일기도의 등압선 형태를 몇 개의 대표적인 형식으로 구분하여 사용한다.

기압배치 형태란 비교적 넓은 범위의 기압분포 상태이며, 이것을 구성하는 고기압, 저기압 및 전선의 상대적 위치로 표시한 것을 말한다. 우리나라도 기압배치의 대표적인 형태를 5가지로 분류하여 구분하고 있다.

1-11-1 서고동저형 기압배치

겨울철 중국과 몽고대륙에 고기압이 있고, 태평양 북부에 저기압이 있을 때이다(그림 1-11-1). 겨울 한반도를 중심으로 한 동북아시아의 대표적인 기압 배치는 시베리아 고기압과 알류샨 저기압 간에 형성되는 서고동저이다. 시베리아 고기압이 강력히 발달할 때는 우리나라로

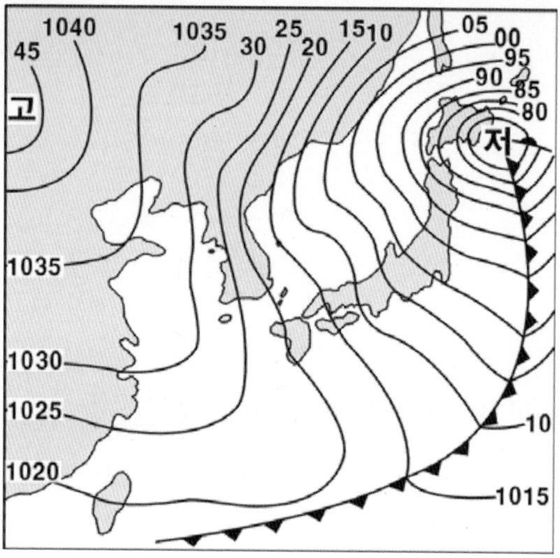

〈그림 1-11-1〉 서고동저형 일기도

한랭 건조한 북서 계절풍이 세차게 불어 한파를 이루고, 2~3일간 기온이 전국적으로 급격히 내려간다. 대체로 날씨는 맑은 편이나 서해안 지방은 지형적으로 눈이 내릴 때도 있다.

1-11-2 서고남고형 기압배치

서고남고형은 우리나라의 봄과 가을에 잘 나타나는 기압배치 형태이다(그림 1-11-2). 서북 대륙에 고기압이 자리 잡고 일본 남동쪽 해상에 고기압이 발달하는 경우, 한반도 지역에는 두 고기압 사이의 기압골이 형성된다. 이 두 고기압 사이에 서해~동해까지 한랭전선이 형성될 때, 저기압이 잘 발생되어 날씨는 흐린 뒤 비가 내리는 경우가 많다. 이러한 기압배치에서, 대륙 고기압 세력이 발달하면 우리나라 북부 지역은 고기압의 가장자리에 속해 비교적 맑다.

봄은 북서 계절풍이 약해진다. 쇠약해진 시베리아 고기압에서 이동

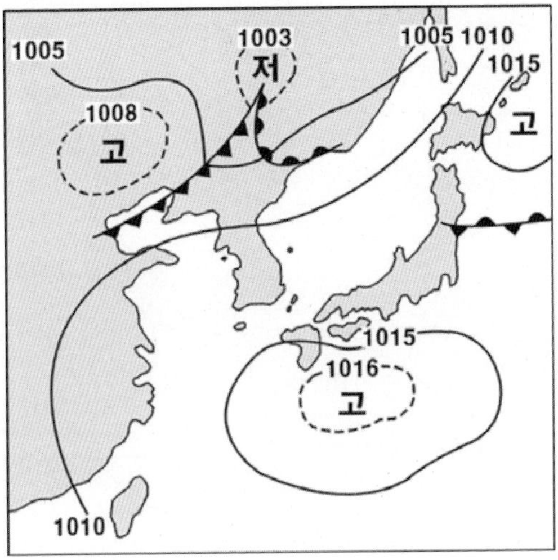

〈그림 1-11-2〉 서고남고형 일기도

성 고기압이 떨어져 나와 중국 대륙에서 우리나라로 동진해 오고, 이동성 고기압 뒤 기압골이 따라와 봄에는 사계절 중 날씨 변화가 가장 심하다. 이동성 고기압이 중국 대륙 쪽에서 연달아 동진해 올 때는 동서 방향의 고기압대가 형성되어 맑은 날씨가 오래 계속된다.

1-11-3 남고북저형 기압배치

남고북저형은 한 여름의 대표적인 형이다(그림 1-11-3). 한여름 장마 전선이 만주로 북상하면, 북태평양에 해양성 아열대 고기압인 북태평양 고기압이 발달하고, 대륙 쪽에 저기압이 자리한다. 고온다습한 남동 내지 남서 계절풍이 한반도로 불어와, 일 최고 30℃를 넘는 무더운 날씨가 계속된다. 경기북부에 기압골이 형성될 경우 우리나라에 많은 비가 오기도 한다.

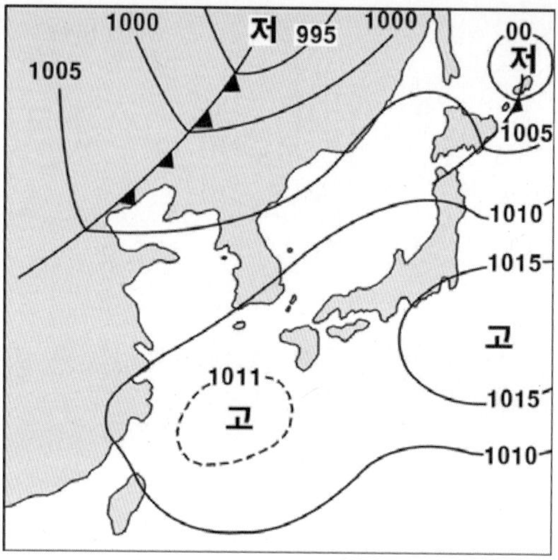

〈그림 1-11-3〉 남고북저형 일기도

1-11-4 북고남저형 기압배치

오오츠크해에서 발달된 고기압이 남하하여 나타나는 기압배치형태가 된다(그림 1-11-4). 북고남저형은 오오츠크해와 우리나라 동해 북부 및 중국 대륙의 기압이 높고 남쪽 해상과 양쯔강 부근의 기압이 낮은 형이다. 고기압이 우리나라 북부에 있고 저기압이 남쪽 해상에 있어 북동풍이 분다. 고기압의 남단에서는 흐리고 비가 내리기 쉬운 날씨가 되나, 고기압 중심부는 건조하고 맑으나 차가운 기단에 의해 기온이 낮아지면서 동풍이 분다.

가끔, 북태평양 기단이 확장해 북태평양 고기압과 오오츠크해 고기압 사이에 전선이 동서 방향으로 길게 가로 놓이면서 우리나라에 장마가 온다. 비는 양쯔강 유역의 저기압이 2~3일 주기로 장마 전선을 따라 이동할 때 주로 내린다.

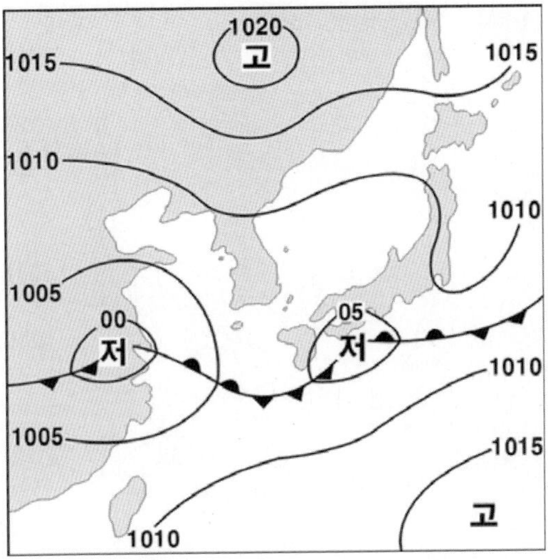

〈그림 1-11-4〉 북고남저형 일기도

1-11-5 동고서저형 기압배치

우리나라를 지나간 이동성고기압이 북태평양에서 발달하여 북태평양에 고기압이 자리하고 우리나라 북서쪽 중국 대륙에 저기압이 있을 때 날씨는 악화되어 비를 내리는 일이 있다(그림 1-11-5). 이동성 고기압은 봄, 가을에 잘 나타나는 형으로, 이 고기압 역은 대체로 바람이 약하고 날씨가 맑다. 또 이 이동성고기압은 중국 대륙에서 온 것이므로 차고 건조하다. 따라서 맑은 날 밤은 복사냉각이 심하여 서리가 내린다. 이동 경로가 북쪽으로 치우치면 동해안 지방은 구름 많은 날씨가 된다.

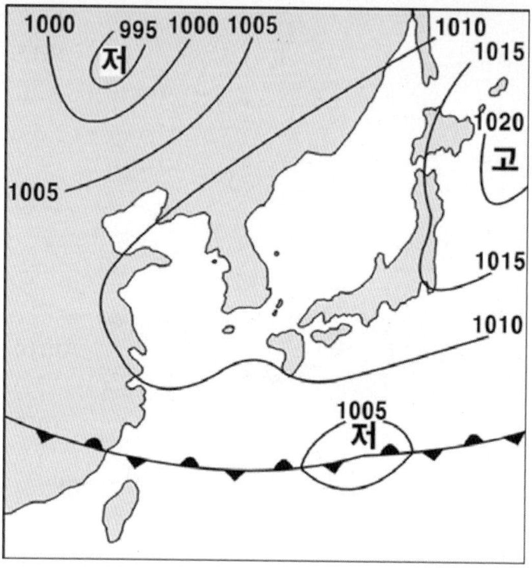

〈그림 1-11-5〉 동고서저형 일기도

1-11-6 동장군의 정체

겨울이 왔다. 우리나라의 겨울은 입동(立冬: 11월 7일경)부터 입춘(立春: 2월 4일경) 전까지를 말하나, 천문학적으로는 동지(冬至: 12월 21일)부터 춘분(春分: 3월 21일)까지를 가리킨다. 보통 12월~2월을 겨울이라 한다. 남반구(호주, 뉴질랜드)는 6~8월이 겨울이다. 겨울은 대륙에서 시베리아 고기압이 다가온다. 이 고기압은 대륙에서 공기가 차가워져 만들어졌기 때문에 차고 건조하다. 또, 동해의 오오츠크해에서 발달한 저기압을 향해 강한 바람이 불어 들어가 한반도는 북서방향에서 찬 계절풍이 불게 된다. 이처럼 동쪽에 저기압, 서쪽에 고기압이 있는 상태를 서고동저형 기압배치라 하고, 이런 기압배치는 겨울의 전형적 형태이다.

1-11-7 서해안 지방의 폭설

겨울철 기압배치가 되면 서해안 지방에 가끔 폭설이 내린다. 그러나 강릉과 같은 영동지방은 건조한 찬바람이 분다. 동해안 쪽이 아무리 날씨가 맑더라도 서해안은 눈이 굉장히 많다. 이것은 왜 그럴까. 시베리아 고기압에서 불어온 차고 건조한 북서풍은 서해를 지날 때 수온이 영상 10도 정도인 서해 바다 위를 통과하고, 이때 대량의 수증기를 머금어 서해상에 눈구름이 생성된다. 이 눈구름은 강한 바람을 타고 서해 내륙으로 들어오면서 폭설을 부른다. 보통 11월 기온이 평년보다 높아 서해 바닷물의 온도가 예년보다 높으면 눈구름이 많이 형성되고, 서고동저형 기압배치가 장기화하면 북서풍을 맞는 서해안 지방에 눈이 집중된다. 눈을 내린 차고 건조한 공기는 내륙을 지나 태백산맥을 타고 불어가 동해안 쪽에 습기 없는 건조한 바람을 불게 한다.

1-11-8 비 한번 올 때마다 따뜻해지는 봄

봄은 입춘(2월 4일경)에서 입하(5월 6일경) 전까지를 말한다. 천문학적으로 춘분에서 하지까지가 봄이지만, 일반적으로 3~5월이 봄이다. 그러면 봄의 날씨는 어떠한가. 봄은 기온이 상승하고 일조량이 증가해 개나리, 진달래, 벚꽃, 목련 등 다양한 꽃이 앞 다투어 핀다. 중국의 모래가 날아오는 황사현상이나 때때로 꽃샘바람도 분다.

겨울동안 우리나라 상공은 차가운 시베리아 고기압에 덮여 있다가, 봄이 오면 우리나라 상공에서 물러가면서 서고동저형 기압배치가 사라지기 시작한다. 중국 양쯔강 부근에서 발생한 따뜻한 양쯔강기단이 편서풍에 의해 상공으로 운반된다. 양쯔강 기단에 덮이면 공기가 건조하고 따뜻해 맑은 날씨가 된다. 그러나 이 고기압은 이동성이어서 우리나라에 오랫동안 머무를 수 없다. 주기적으로 고기압, 저기압, 고기압이 우리나라를 통과해 간다. 일시적으로 따뜻해지지만 저기압이 통과하면 한랭전선 후방에 있는 시베리아 기단이 다시 다가와 서고동저형 기압배치가 되기도 한다. 이때를 꽃샘추위라 한다. 그러나 한 겨울처럼 오래 지속되지는 않는다. 따라서 봄의 일기는 날씨 변화가 심하다. 하루 중 오전과 오후의 날씨 변화도 심하다 오전에 흐리다가 오후에 비가 오기도 한다. 종일 봄비가 부슬부슬 내리기도 한다.

봄은 저기압의 발달이 빈번하여 1년 중 가장 바람 부는 날이 많다. 저기압을 향해 따뜻한 남풍이 불어 한번 비 올 때마다 따뜻함이 더해진다. 가끔, 3월 중순~4월 중순 고기압의 통과와 북고남저형 기압배치가 되어 남쪽으로 정체전선이 형성될 경우도 있다. 장마와 유사한 상태로 날씨가 나빠진다. 이처럼 변덕스러운 날씨도 5월이 되면 이동성 고기압이 온난형이 되고, 때때로 동서로 띠 모양을 한 고기압에 연결되기도 하여 5월의 맑은 날이 계속된다. 늦봄~초여름의 구름 없는 맑은 밤은 이동성 고기압에 의해, 지표면에서 열이 방사되어 서리가 내리고 농작물에 피해가 나기도 한다. 이처럼 봄의 일기는 맑음과 흐림을 반복하면서 기온이 상승한다.

1-11-9 장마를 초래하는 곳은 티벳고원

한국은 6~7월에 전선이 정체해 장마가 온다. 이 전선을 장마전선이라 부른다. 이 전선은 북태평양 고기압과 오오츠크해 고기압이 한국근방에서 만나 서로 세력이 비슷하여 움직이지 않기 때문에 형성한다. 그러면 왜 이 시기에 2개의 기단이 만나게 되는 것일까. 한국에 장마를 일으키는 범인 중 하나는 중국대륙에 있는 티벳고원이다. 세계에서 가장 높은 히말라야 산맥 북쪽의 평균 4000m에 이르는 고원이 한국에 장마를 일으키는 원인이다. 한국의 상공에는 편서풍인 강한 제트기류가 불고 있다. 이 제트기류는 중국대륙 서쪽지방에서 큰 파동을 그리며 불고 있다. 제트기류는 지구자전이나 계절의 영향으로 부는 경로가 변화하는데, 봄~여름에 티벳고원 근방에서 불게 된다. 티벳고원에 부딪힌 제트기류는 남북으로 분리된 후, 다시 한국 동해상 근처에서 합류해 오오츠크해 고기압을 만든다. 이 오오츠크해 고기압과 태평양 고기압이 만나게 됨에 따라 정체전선이 형성되고 한국에 장마가 오게 된다. 장마는 중국이나 일본, 아시아에서만 나타나는 우기 계절이다. 여름이 가까워져 제트기류의 흐름이 북상하면, 티벳고원에서 남북으로 갈라진 남쪽흐름이 없어져 한국에는 장마가 끝나게 된다. 장마철엔 심한 더위는 없으나, 뒤이어 태평양고기압이 본격적으로 세력을 떨치는 한여름을 맞게 된다.

1-11-10 한국의 여름은 열대지방보다 덥다

7월 후반 장마가 끝난 한국은 태평양고기압에 둘러싸인다. 여름은 입하(5월 6일경)부터 입추(8월 8일경) 전날까지를 말하나, 보통 기상학적으로 6~8월을 가리킨다. 태평양고기압은 고온 다습한 기단으로 한국은 습하고 무더운 맑은 날씨가 된다. 한국의 여름은 열대지방보다 더 덥다. 기온이 아니라 우리 신체로 느끼는 온도 즉, 체감온도 때문이다. 기온이 높아도 공기가 건조해 있으며 땀이 증발해 기화열을 빼앗아 버리기 때문에 체온은 내려간다. 습도가 높으면 땀이 나더라도 증발하지 않아, 체감온도는 내려가지 않는다. 실제 중동의 이라크 바스라에서는 세계 최고기온인 58.5℃를 기록했으나, 건조하여 기온이 높아도 덥게 느껴지지 않는다. 한국의 여름은 끈적끈적 하기 때문에 식중

독의 피해가 큰 매우 견디기 힘든 계절이다.

1-11-11 열대야와 한 여름날

한여름에 자주 듣는 말이다. 이 말은 우리가 단순히 감각만으로 하는 것은 아니다. 정확한 정의가 있다. 열대야는 하루의 최저기온이 25℃보다 내려가지 않는 밤을 말한다. 잠자기 어렵기 때문이다. 한 여름날이란 하루의 최고 기온이 30℃를 넘는 날을 지칭한다. 따라서 9월이나 10월도 한 여름날이 될 수 있다. 또, 한 여름날이라고 반드시 열대야가 된다고 말할 수 없다. 또, 한 겨울날이란 것도 있다. 한 겨울날이란 일 최고 기온이 0℃보다 낮은 추운 날을 말한다.

1-11-12 불쾌지수

'오늘의 불쾌지수는 85' 라는 말을 일기예보에서 들은 적이 있을 것이다. 인간이 몸으로 느끼는 불쾌한 감각, 특히 후덥지근하게 덥다는 것을 숫자로 표현한 것이 불쾌지수이다. 불쾌지수가 85인 경우, 거의 100% 사람이 불쾌감을 느낀다.

우리나라의 후덥지근한 여름더위는 공기 중 수증기 양이 많아 땀을 흘리더라도 잘 증발 하지 않는다. 땀에 젖은 셔츠가 몸에 달라붙어 불쾌한 것은 말할 나위가 없다. 불쾌지수 계산식은 기온과 습도로 구한다.

[불쾌지수] = 0.81 × [기온] + 0.01 × [습도] + 46.3

[습도] = 0.99 × [기온] - 14.3

이 계산에 의해 나온 숫자가 75를 넘으면 약 10%의 사람이 불쾌감을 느끼고, 77을 넘으면 절반 이상, 80을 넘으면 65%, 85를 넘으면 100%의 사람이 불쾌감을 느낀다.

1-11-13 추운 여름

추운 여름도 있다. 여름철 저온현상이다. 여름철 우리나라에 나타나는 저온 현상은 해에 따라 태평양고기압의 세력이 약해지고 오오츠크해 고기압 세력이 강해져 오랫동안 머무는 때가 있다. 그 결과, 우리나라 태백산맥과 소맥산맥을 중심으로 한, 산간 고랭지대와 동해안 지방이 찬 오오츠크해 고기압에 둘러싸여 차가운 북동풍이 불게 된다. 우리나라는 1980년과 1993년 나타난 여름철 저온현상으로 농작물에 큰 냉해 피해를 입었다.

1-11-14 의외로 비가 많은 가을

가을은 입추(8월 7일경)부터 입동(11월 7일경) 전까지를 말하며, 천문학적으로는 추분(9월 23일경)부터 동지(12월 21일경)까지, 기상학에서는 이보다 조금 늦어 보통 9~11월을 가리킨다. 여름의 더위도 가을의 처서를 지나면 일단락된다. 9월에는 낮 동안 무더위가 남아 여름을 방불케 하지만 아침, 저녁은 시원하다. 10월로 접어들면 공기 중의 습도가 낮아 상쾌한 날씨가 계속된다. 또, 일몰이 빨라져 밤이 길어지고 독서를 하는데 적당한 계절이 된다.

천고마비(天高馬肥)의 계절이라는 말과 같이, 가을은 공기가 깨끗하고 점차 푸르름이 더해지는 가을하늘을 생각하기 쉽다. 가을은 한국 상공에 장마 전선이 정체하기도 해, 비가 오기 쉬운 계절이다. 이 전선은 여름에 세력을 떨치던 태평양 고기압이 후퇴하고 점차 대륙의 고기압이 남하해 와, 두개의 기단이 부딪혀 정체하여 생긴다. 여름 장마 때 하늘 상태와 비슷하고, 계절이 거꾸로 진행한 것 같은 질척질척한 장마가 된다. 이 시기엔 태풍에 의해 전선 사이로 습한 공기가 흘러 들어와 큰비가 오게 되는 경우도 많다. 비 오는 날이 많은 것은 이런 이유 때문이다.

1-11-15 가을하늘은 여자의 마음

변하기 쉬운 것들의 예로 가을하늘을 여자의 마음으로 비유하기도 하지만, 실제 가을하늘이 잘 바뀌는 것은 사실이다. 10월이 되면 중국 대륙으로부터 이동성 고기압이 다가오기 때문에 푸른 가을날이 되게 된다. 그러나 이동성이기 때문에 좋은 날씨가 지속되지 않고 뒤에서 저기압이 다가와 흐려지기 쉽다. 그리고 이어서 대륙의 시베리아 고기압이 확장하여 기온이 점차 낮아진다.

일기속담 한마디

봄볕에 며느리 내보내고 가을볕에 딸 보낸다

봄볕이 강하기 때문에 얼굴이 쉽게 타거나 색소성 질환이 발생할 가능성이 높기 때문에 얄미운(?) 며느리한테 밭일을 시킨다는 속담이다. 실질적으로 봄볕이 가을보다 강하지는 않다. 그러나 겨울 내내 주로 실내 활동으로 피부가 햇빛에 적응이 덜 된 상태에서 날씨가 풀리는 봄에 장시간 햇빛에 노출되면 색소성 질환이 쉽게 발생되게 된다. 그만큼 시집살이가 힘들다는 뜻이다.

제2장

구름과 강수 구조

2-1 습도

보통 우리들이 마시는 물은 액체다. 또한 냉동고에서 고체화 시킨 얼음도, 마시는 물이 0℃ 이하가 되어 고체로 형태가 바뀌었을 뿐이다. 그럼 물이 기체로 되었다면 어떨까. 물의 기체를 볼 수 있다는 사람들이 종종 있다. 그러나 그것은 틀린 것이다. 물의 기체는 눈으로 볼 수 없다.

2-1-1 물의 세 가지 형태

밥솥이 부글부글 끓고 있을 때 밥솥 주변을 잘 관찰해 보자. 밥솥 뚜껑과 그 옆의 새하얀 김과의 사이는 공기뿐으로 아무것도 없는 공간이다. 그 아무것도 없는 부분에 존재하는 것이 수증기(물이 기체로 된 것)이다. 그러면 새 하얀 김은 무엇인가 하면 액체인 물의 극히 작은 입자가 하얗게 보여 지는 것이다. 밥솥 안의 물은 뜨거워져 끓게 되고 수증기가 되어 밥솥 뚜껑에서 튀어 나온다. 그러나 뚜껑을 통해 수증기는 공기 중에서 차가워져 다시 액체인 물방울로 된다. 이 물방울의 정체가 사람들이 봤다는 수증기의 정체이다.

이 수증기는 또한 곧 없어져버리고 만다. 이것은 물방울이 수증기를 포함할 수 있는 불포화상태의 공기에 의해 또다시 수증기로 되기 때문이다. 수증기가 되면 당연히 눈에는 보이지 않는다. 보통 수증기 한 알

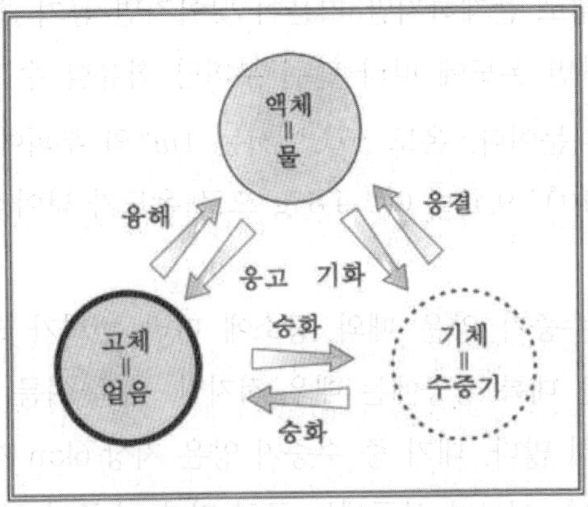

〈그림 2-1-1〉 물의 형태 변화

의 크기는 약 3/10,000,000cm 정도로, 전자현미경을 사용하여도 보이지 않을 정도이다. 추운 날 밖에서 입김(호흡)을 내뱉으면 뱉었던 입김이 보일 수 있다. 또 한여름 더운 날에 냉동고를 열었을 때 하얀 수증기가 보인다. 이것도 수증기가 차가워져, 액체인 물의 극히 작은 입자가 하얗게 보이는 것이다. 실제 하늘에 떠있는 구름이 하얀 것도 이 수증기나 호흡할 때 나오는 입김의 흰색과 같은 것이다. 즉, 구름도 극히 작은 물방울이 모여서 희게 보이는 것이다. 물은 이와 같이 수증기나 얼음으로 상(相)을 바꾸면서 끊임없이 순환하고 있다(그림 2-1-1).

2-1-2 대기 중의 수증기

우리가 살고 있는 대기 중에는 많고 적은 차이는 있으나 반드시 수증기가 섞여 있다. 수증기는 대기 중에서는 보이지 않는다. 수증기 분자는 대기 중의 질소(78%), 산소(21%), 아르곤(0.9%), 이산화탄소(0.03%)와 같은 다른 성분의 기체 분자와 같이 완전히 혼합되어 존재한다. 그러나 그 양은 다른 기체에 비해 매우 적다. 어느 정도의 수증기는 기체 상태로 존재하지만 기온이 낮아지면 공기 속에서 물로 환원된다. 왜냐하면 온도에 따라 단위 부피당 함유할 수 있는 수증기의 양이 다르기 때문이다. 온도 30℃에서는 $1m^3$의 부피에 최대 30.37g, 20℃ 17.29g, 10℃ 9.40g, 0℃ 4.85g 으로 온도가 낮아짐에 따라 점차 감소한다.

대기 중의 수증기 양은 때와 장소에 따라 변화가 크다(0%~최대 4%). 추운 겨울 대륙 상공에는 매우 적지만, 더운 여름 해수면 부근은 약 3%로 대단히 많다. 대기 중 수증기 양은 지상 6km 까지 전체 양의 절반이 존재하나, 이보다 상공에는 극히 적다. 수증기가 응결하면 구름이나 안개 입자가 되고, 이때 대량의 잠열을 방출하므로 태풍의 에너지원이 되기도 한다. 또 대기의 다른 기체 성분보다 태양복사를 흡수하는 능력이 약 6배 정도로 커, 지구 복사 흡수에 큰 역할을 한다.

2-1-3 습도

대기 중에는 수증기가 포함되어 있어, 그 양이 많고 적음에 따라 습도가 높고 낮은지를 안다. 이 수증기는 온도에 의해 포함할 수 있는 최대량이 정해져 있어, 기온이 높을수록 최대량도 커진다. 만약 최대량 이상으로 수증기를 주입하려 하면 여분의 수증기는 수적(水滴)으로 바뀐다. 한국의 여름은 기온이 높을 뿐만 아니라 습도도 높아, 땀을 흘리더라도 피부에서 증발되지 않아 땀이 좀처럼 마르지 않고 무덥게 느껴진다. 또 에어컨의 제습(除濕)기능을 하지 않고 실내를 냉방시키면, 기온은 낮아지는데 습도가 높아 습한 불쾌감이 든다. 반대로 겨울 건조기에는, 습도가 낮아 화재가 빈발하고 목이 건조해 따갑게 느껴지기도 한다.

습도를 표시하는 방법에는 ① 수증기압: 대기의 기압에서 차지하는 수증기의 압력(mb) ② 포화수증기압: 대기의 수증기가 포화에 달했을 때의 증기압(mb) ③ 노점온도: 현재의 수증기량을 변화시키지 않고 기온을 내렸을 때, 어느 순간 포화에 달하고 수증기가 응결을 시작한다. 이때의 온도를 노점온도(℃)라 한다. ④ 상대습도: $\frac{e}{E}\times 100(\%)$, 단 e; 현재의 증기압(또는 수증기량), E; 현재 온도에 대한 포화증기압(또는 포화수증기량).보통 습도라 말할 때 이 상대습도를 말한다. e가 일정하더라도 기온이 변하면 E가 변한다. 즉, 기온이 올라갈수록 E는 커지고, 상대습도(%)는 낮아진다. ⑤ 절대습도: $1m^3$ 대기 중에 포함된 수증기의 양을 gr 수로 나타낸 것으로 기온에 영향을 받지 않는 값이라 절대습도(gr)라 한다.

수증기는 대기를 구성하는 기체의 일부이므로 수증기 자신도 압력을 가진다. 따라서 기압 에서 수증기가 점하는 압력이 몇 mb라고 하는 말은 가능하다. 포화수증기압은 최대증기압 이라고도 한다.

2-1-4 현재습도

일기예보를 들어보면 현재습도는 60%라고 하는데, 이 60%는 상대습도를 말한다. 병속에 물을 넣어 오랫동안 내버려 두면 물이 줄어드는 것을 발견한다. 그 까닭은 증발로 인해 물(액체)의 분자가 수증기(기체)로 변해 공기 중에 퍼졌기 때문이다. 만약 병에 마개를 해두면 처음엔 약간 줄지만 나중에는 거의 변화가 없다. 그것은 병속의 공기가 수증기를 무한정 함유할 수 없기 때문에 일정한 한도에 달해 증발이 중지되었기 때문이다. 공기 중 수증기가 적을 때 물은 줄어든다. 공기가 수증기를 최대로 함유할 수 있는 때를 100으로 봤을 때 지금 포함하고 있는 수증기 상태(압력이나 양으로 표시)가 바로 현재습도 혹은 상대습도 60%인 것이다.

우리나라 여름의 습도는 평상시 80~90%이고 겨울은 30~50%이다. 봄과 가을은 그 중간 정도이다. 일반적으로 성인의 경우 적정한 습도는 40~70%이나 유아는 50~60% 이다. 온도가 15℃의 적정습도는 70%, 18~20℃ 60%, 21~23℃ 50%, 24℃는 40%가 적당하다고 알려져 있다.

2-2 구름

2-2-1 구름을 만들어 보자

하늘에 떠있는 구름은 극히 작은 물방울의 결합체이다. 따라서 물의 형태를 변화시키면 구름을 만들 수 있다. 구름을 만들려면 수증기를 포화수증기량 이상으로 많이 포함한 공기와 그곳에 향불이나 담배 연기 등 수증기가 물방울로 되기 위한 응결핵이 있어야 한다. 〈그림 2-2-1〉에서와 같이 준비물은 플라스크, 가는 고무관이 연결된 유리관, 구멍이 뚫린 고무마개, 주사기, 불붙은 향불 1개, 25℃ 정도의 물이다.

실험은 〈그림 2-2-1〉의 (A)와 같이 우선 플라스크 안에 물을 넣는다. 입구까지 가득 넣어서는 안 된다. 공기가 남아있지 않으면 구름이 생기지 않는다. 다음, 고무마개로 입구를 봉해서 잘 흔든다. 플라스크 안의 공기는 많은 수증기가 포함되어 대략 포화상태가 된다. 구름을 만들기 위해서는 공기 중에 수증기를 포함시켜 포화수증기량 이상의 과포화 상태로 만들어야 한다. 과포화 상태가 되지 않으면 수증기가 물방울로 변화되지 않기 때문이다. 그럼 과포화 상태를 만들려면 어떻게 하는 것이 좋을까. 보일·샤르 법칙을 응용하면 좋다. 공기의 압력을 낮추면 그 공기의 온도가 내려간다고 하는 법칙이다. 공기 온도가 내려가면 포함해야 할 수증기량이 감소해 과포화 상태가 되기 때문이다.

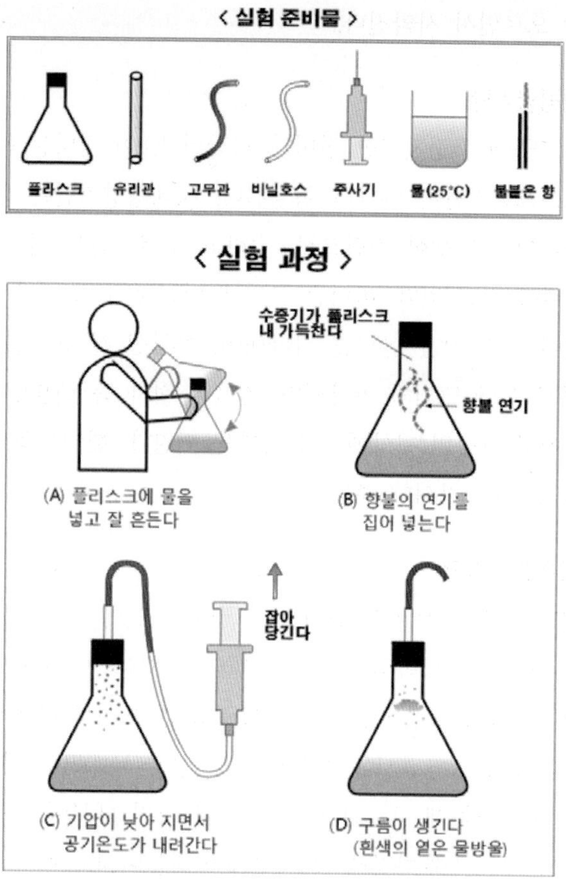

〈그림 2-2-1〉 구름을 만드는 실험과정

다음 실험과정은, 〈그림 2-2-1〉의 (B)와 같이 가는 고무관이 연결된 유리관을 구멍 뚫린 고무마개에 연결하여 가는 비닐호스와 주사기를 연결해, 구름을 만드는 촉매가 되는 향불의 연기를 주사기를 사용해서 플라스크 내에 주입한다. 그 후 〈그림 2-2-1〉의 (C)처럼 물이 반쯤 찬 플라스크내의 공기 양을 적게 하기 위해 주사기의 피스톤을 천천히 뺀다면 공기 압력이 낮아지면서, 〈그림 2-2-1〉의 (D)에서와 같이 흰 구름이 플라스크 안에 보여 질 것이다.

2-2-2 공기의 상승

구름은 대기 중에 떠 있는 작은 수적 또는 빙정으로, 이것들의 덩어리가 눈에 보이는 것이다. 자연계에서 구름이 만들어지는 것은 수증기를 포함한 공기가 상승했을 때로, 강수의 원인이 된다. 그러면 어떤 때 공기가 상승하는 것일까. 대략 4가지가 있다.

(1) 대류성 상승

태양열로 지면이 강하게 데워지면 국지적 상승기류가 발생한다(그림 2-2-2). 여름에 바다 위에서 뭉게뭉게 솟아오르는 적운이나 적란운이 그 예로, 소나기가 오거나 산악지방에 뇌우 등을 만든다. 구름이 대규모로 발생하기 위해서는 공기 중 수증기 양이 많아야 한다. 저녁 무렵 내리는 소나기는 저녁이 되어 일사가 사라지면, 구름 윗면이 복사 냉각되고 적란운 내 기온감률이 더 커져 대류가 더욱 활발해져 생긴다. 이런 강수를 대류성 강수라 한다.

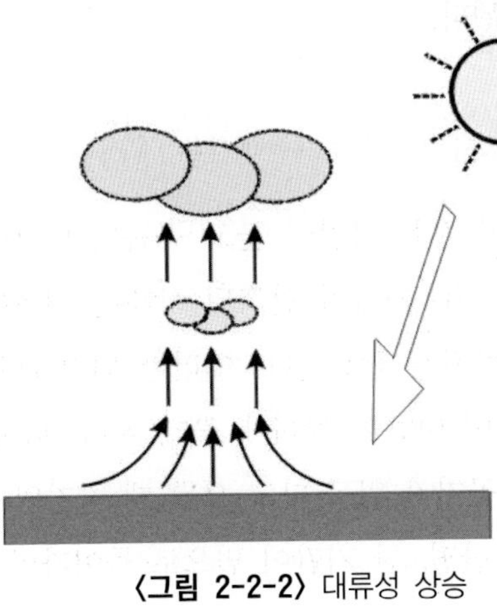

〈그림 2-2-2〉 대류성 상승

(2) 수렴성 상승

저기압과 같이, 주변에서 바람이 불어 들어가는 곳은 기류의 상승이 일어난다(그림 2-2-3). 기압이 낮아지는 곳에 공기가 흡입되어 갈 곳이 없어진 공기가 상승기류를 만들어 낸다. 태풍 중심, 저기압 중심 부근, 기압의 골 등이 그 예이다. 이 경우의 강수를 수렴성 강수라 한다.

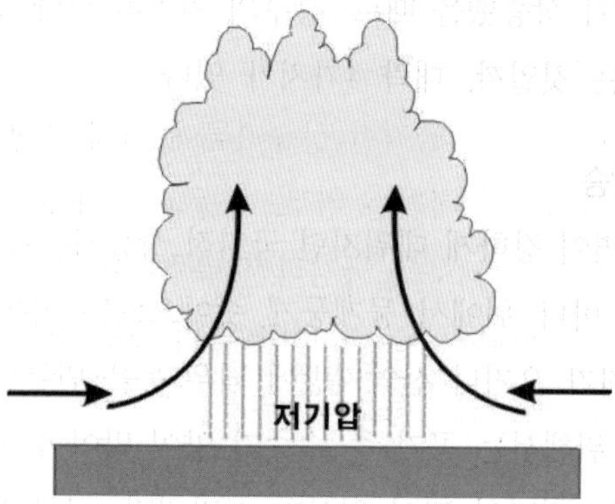

〈그림 2-2-3〉 수렴성 상승

(3) 전선성 상승

따뜻한 공기와 차가운 공기가 마주쳐서 따뜻한 공기가 상승하게 되는 것이다(그림 2-2-4). 한기단과 난기단의 경계에 전선이 생기나, 난기단은 한기단보다 가볍기 때문에 난기단이 한기단의 경사를 따라 상

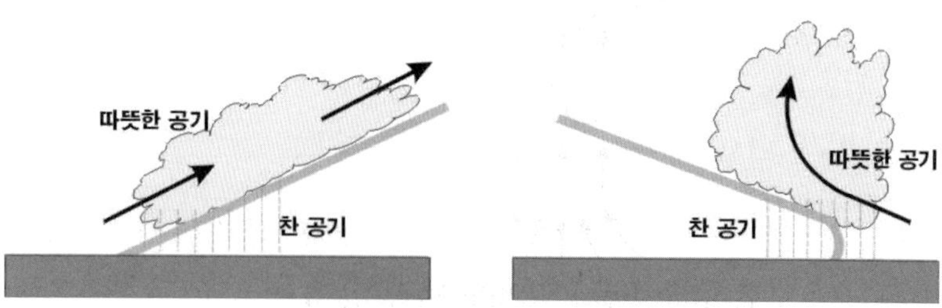

〈그림 2-2-4〉 전선성 상승

승하거나(온난전선), 한기단이 난기단 밑으로 파고들어 난기단을 밀어 올리게 된다(한랭전선). 이로 인해 전선을 따라 구름이 많이 생기고 비가 내린다. 이것을 전선성 강수라 한다.

(4) 지형성 상승

바람이 산의 경사면을 따라 불어 올라감에 따라 공기가 상승하는 것을 말한다(그림 2-2-5). 겨울 시베리아 기단이 우리나라 내륙으로 불어 태백산맥을 넘어갈 때, 산의 서쪽 지방에 눈이나 비가 많이 오는 것이 그 예로, 이것을 지형성 강수라 한다.

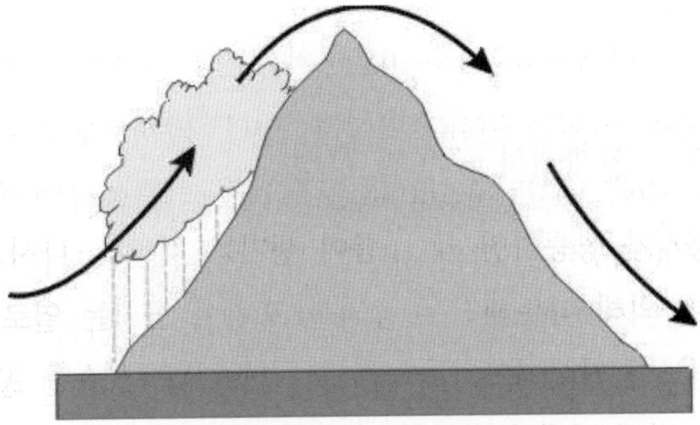

〈그림 2-2-5〉 지형성 상승

2-2-3 기류의 수렴과 발산

여기서 기류의 수렴(모이는 현상)과 발산(퍼져나가는 현상)에 대해 살펴보자.

(1) 기류의 수렴

기류가 불어와 모이는 것으로 풍속이 커질 뿐만 아니라, 좁은 곳에 모여든 공기는 상승기류가 되어 구름이나 비를 만든다. 따라서 기류의 수렴은 대개 나쁜 날씨와 연결된다. 상승기류가 온난하여 수증기가 많으면 수증기가 응결할 때 내는 잠열의 영향으로 주변과의 온도차가 더 커져 더욱 활발하게 상승한다. 그 결과 하층에서 불어 드는 바람 세기가 더 커져 기상변화가 심해진다.

(2) 기류의 발산

기류가 주변으로 퍼져 나가는 것이다. 풍속이 작아질 뿐만 아니라 주변에 퍼져 나간 공기를 보충하기 위해 상공에서 아래로 내려오는 하강기류가 생긴다. 공기가 아래로 내려오면 그 공기는 상공보다 기압을 더 받게 되어 기온이 올라간다. 따라서 공기 중의 구름이 증발해 없어지게 되어 기류의 발산은 좋은 날씨와 연결된다. 고기압역이 그 예이다.

2-2-4 자연계에서 구름의 생성

그러면 공기가 상승하면 왜 구름이 생기는 것일까. 다시 정리해 보자. 태양열에 의해 따뜻해진 수증기를 포함한 공기는 열로 팽창하고, 밀도가 주변보다 작아지므로 가벼워져 상승한다. 상승한 공기는 기압이 내려가는 것에 의해서 기온이 내려가고(보일·샤를의 법칙), 수증기를 포함한 공기는 노점온도에 도달해 포화상태가 되어 수증기를 더 이상 포함할 수 없게 된다. 앞장의 실험처럼 구름을 형성하는 공기 조건이 충족된 것이다. 그러나 단지 이것만으로는 구름이 만들어지기 어렵다. 과포화 수증기가 물방울로 되기에는 무엇인가 실마리가 필요하다. 이 실마리가 되는 것이 공기 중에 존재하는 소금 입자, 화산재 그리고 공장 매연, 박테리아, 꽃가루 등이다. 이것들은 수증기가 물방울로 되는 응결의 핵으로 사용되는 것으로 응결핵이라 한다. 이 응결핵에 의해 수증기는 물방울을 형성하고 구름이 탄생하는 것이다.

2-2-5 비행기구름

수증기를 냉각 시켜도 응결되거나 승화되지 않을 때가 있다. 이것을 과포화라 한다. 그 이유는 수증기가 응결이나 승화되기 위해서는 무엇인가 핵이 필요하기 때문이다. 이것을 응결핵 또는 승화핵이라 한다. 공기 중에는 의외로 우리 눈에 잘 안 보이는 아주 작은 먼지가 많이 떠 있다. 이 먼지는 많을 때 공기 $1cm^3$에 약 200,000개, 적을 때도 100개 이상 존재한다. 바다 위는 이 보다 더 많아 평균 340개가량 이고 적을 때도 70개 이상이다. 이러한 작은 먼지들은 대부분 수분을 잘 흡수하는 성질이 있어 응결이나 승화의 핵으로 적합하다.

상공의 공기는 기압이 낮고 기온도 낮기 때문에 수증기를 많이 포함할 수 없다. 상공에 구름이 없을 때, 공기 중의 수증기는 과포화 상태일 때가 많다. 수증기는 물방울이 되고 싶지만 기회가 되지 않는다. 즉, 핵이 되는 먼지가 높은 상공에서 아주 적어, 때때로 상공의 기온이 0℃ 이하로 내려가도 응결이나 승화가 일어나지 않고 수증기로 존재할 때가 있다.

그곳을 배기가스와 물방울을 분산하는 한 대의 하얀 비행기가 날고 있다. 배기가스에는 먼지나 수증기들의 미립자가 포함되어 있다. 이 미립자는 과포화 상태인 수증기가 구름이 되는 기회를 가져다준다. 또한 가솔린을 연소해 생기는 배기가스 속에는 대량의 수증기가 포함 되어 있다. 이 분사된 수증기가 상공에서 급격히 차가워져 구름이 된다. 따라서 상공을 날던 비행기 뒤에는 선을 끌어당기는 것 같은 비행기구름이 생기게 된다. 비행기구름의 정체는 비행기에서 배출된 수증기나 상공의 수증기가 물방울로 모습을 바꾸어 구름이 된 것이다. 이 비행기구름도 어엿한 구름의 일종이다.

2-2-6 구름은 왜 하늘에 떠 있을까

구름이 물의 집단이라는 것은 앞장에서 이야기 했다. 그럼 액체인 물의 입자가 공중에 떠다니고 있다고 하는 것을 생각해 보면 의문이 든다. 왜 지면에 떨어지지 않는 것일까. 그 요인은 첫째는 구름은 상승하려고 하는 공기의 흐름, 다시 말해 상승기류에 의해 지탱되어지고 있는 것이다.

그러나 그것만으로는 부족하다. 실은 비로 해서 지상에 낙하할 것인가 구름으로 공기 중에 떠다니고 있을까를 결정하는 것은 물입자의 크기 차이이다. 구름은 비와 같이 물방울로 만들어져 있다. 구름 안에서 무엇인가의 원인에 의해서 물방울이 크게 성장하여 비가 되어 지상에 낙하하는 것이다. 구름을 형성하는 물방울은 매우 작다. 보통 1mm의 1/10～1/100 정도로, 대표적인 구름을 형성하는 물방울은 20μm, 즉 1mm의 1/50이다. 그럼 비의 입자는 어느 정도의 크기 일까. 일반적인 크기는 2mm 정도이다. 따라서 구름 입자 100만개가 모여야 겨우 한 개의 비 입자가 만들어지게 된다. 구름입자가 얼마나 작은지 상상할 수 있을 것 이다.

그러나 구름을 만들고 있는 물방울(수적) 입자도 끊임없이 낙하를 계속하고 있다. 수적은 작고 가볍기 때문에 천천히 떨어지게 된다. 높은 곳에서 쇠 덩어리와 솜뭉치를 같이 떨어뜨려 보면 쇠 덩어리는 빨리 땅에 떨어지는데, 솜뭉치는 천천히 떨어진다. 공기의 저항력에 비해 솜뭉치의 무게가 더 작기 때문이다. 구름은 조용한 공기 속에서 1초에 수 cm의 속도로 낙하한다. 구름 속은 끊임없이 바람이 불고 공기가 움직이기 때문에 구름 입자들은 계속해서 바람에 날려 위아래로 움직인다. 그래서 구름이 떨어지지 않고 언제나 공중에 떠 있을 수 있다.

2-2-7 구름 속으로 가 본다면

어린 시절 솜사탕과 닮은 모습 때문에 구름을 먹고 싶다고 생각했던 사람도 있었을 것이다. 그러나 앞에서 이야기 했듯이 구름은 목욕탕의 수증기와 같은 것이기 때문에 붙잡을 수 없고 만질 수도 없다. 실제 비행기를 타고 구름 속을 비행하더라도 짙은 안개 속을 지나고 있는 것과 같은 상태이기 때문에 구름을 붙잡지 못한다는 것을 실감한다. 그러나 구름 중에는 위로 올라가려는 공기인 상승기류가 불고 있는 것이 많아, 구름 속을 비행하는 비행기는 동체가 심하게 흔들리게 된다. 그래서 초고속비행기는 구름 속을 피해 대류 권계면위로 비행한다.

2-2-8 전기를 가진 구름도 있다

전기를 가지고 있는 구름은 이른바 천둥구름, 적란운(뇌운), 혹은 소나기구름이라 한다. 적란운은 강한 태양광선으로 지표의 공기가 가열되어 생기는 초속 12~13m의 강한 상승기류로 발생한다. 여름에 흔히 보는 뭉게구름은 커져 가는 적란운의 일종이다. 이 적란운은 전기를 가지고 있는 것도 있다.

물체와 물체를 서로 문지르면 마찰전기가 일어난다. 책받침으로 머리를 문질러 머리털을 거꾸로 세우는 놀이를 했던 적이 있을 것이다. 기원전 600년 경 그리스 사람들은 장식품으로 사용하던 호박(琥珀)을 헝겊으로 문지르면, 먼지나 실오라기 따위를 끌어당긴다는 것을 알았다. 전기를 영어로 electricity라 하는데, 이것은 그리스어의 호박에서 유래되었다. 번개도 구름에 모인 마찰전기가 일으키는 불꽃이다. 동양에서 쓰는 전기의 전(電)자는 번개를 뜻하는 뇌(雷)자에서 유래한 것이다. 전기는 아주 미세한 입자로 물체를 마찰시킬 때, 플러스(+)와 마이너스(-) 입자(전기)가 생성되는데 이 작은 입자가 빛도 만들고 열도 발생시킨다. 두 입자는 서로 끌어당기지만 같은 입자끼리는 밀어낸다.

구름 속은 상승기류에 의해 물방울이 상공에서 차가워져 우박이나 싸락눈 같은 얼음 입자가 되고, 이 입자들은 끊임없이 서로 이동하고 있다. 그 사이 부딪혀서 분열하기도 하고 찢어지기도 하는 혼동되는 상태가 된다. 이때 마찰에 의해 전기가 발생한다. 또 과냉각이 일어나 0℃가 되어도 얼지 않는 물방울이 구름 속에 존재한다. 그 과냉각 물방울이 우박이나 싸락눈과 부딪혀 물방울이 순간적으로 언다. 무언가의 자극이 없으면 얼기 어려운 것이다. 이때도 이 자극에 의해 전기가 생긴다.

이렇게 발생한 전기는 전기가 점차로 흐르는 힘 즉, 전압을 증가 시키게 된다. 전압을 증가 시켰던 구름은 모아 두었던 전기를 어디론가 발산하려 한다. 전압이 올라가면 전기가 통하기 어려운 공기 속에서도 전기가 통하게 된다. 소리와 빛을 동반하여 상층 구름과의 사이 또는 지상((+) 전기)으로 전기가 흘러가게 된다. 이 지상으로 전기가 흐르는 것을 방전이라고 한다. 지상으로 방전할 때 그 전압은 일반 가정용 전기의 수백만 배이고, 전기 양은 가정용 100 Watt 전구 100,000개를 1시간 동안 켤 수 있을 정도의 막대한 양이다. 번개에 대해서는 뒤에 자세히 언급하겠지만, 어떻든 구름 속은 온화한 상태가 아닌 강풍이 불고, 구름에 따라 우박이나 싸락눈이 끊임없이 날아다니고 천둥과 번개가 치는 소란스러운 장소인 것이다.

2-3 구름의 종류와 관측

2-3-1 구름에 의한 일기예측

구름을 보면 그 모습이나 상태로부터 그때의 대기의 상태를 안다. 또한 이것으로부터 어떤 기상 변화가 올지 예측이 가능하다. 이처럼 구름이나 바람등 대기의 상태를 관측해서 이것으로부터 일기를 예측하는 것을 일기예보라고 한다. 텔레비전이나 라디오에서 일기예보가 없었던 옛날에는 하늘의 색, 구름의 모양, 구름의 움직임 등을 보고 날씨와의 연관성을 예상하였다. 한마디로 구름에 있어서도 여러 가지 종류가 있고 공기의 상승 방법에 의해서 다양한 장소에 다양한 모습의 구름이 생길 수 있기 때문에 일기예보를 예측할 수 있는 것이 가능했던 것이다. 따라서 일기에 관한 속담에 구름이나 하늘 상태에 관한 것이 많고, 동물이나 식물의 행동이나 상태에 관한 것도 많다.

2-3-2 비 내리는 구름과 내리지 않는 구름

가을바람이 부는 시절이 되면 푸른 하늘 위에 여러 선을 그은 것과 같은 구름이 생길 수 있다.속칭 줄무늬구름 혹은 새털구름이라 한다. 정식 명칭은 권운이다. 푸른 하늘에 떠 있는 하얀 섬유(纖維)와 같은 구름으로, 높이 10km부근에 있기 때문에 기온이 낮고 얼음입자 즉 빙정이 모여 있는 구름이다. 그러나 비가 되어 떨어지지 않는다. 비가 내리는 구름인지 내리지 않는 구름인지를 알 수 있는 것은 구름이 존재하는 고도와 그 구름의 두께와 관계가 있다. 그다지 두께가 없는 구름이나 높은 곳에 있는 구름에서는 비가 오지 않는다. 두께가 없다고 하는 것은 비가 되는 구름을 형성하는 물방울의 양이 적다는 것이다. 또한 높은 곳에 있는 구름에서 물방울이 크게 되어 비가 되어 지면에 낙하한다고 해도 지상에 도달하는 도중에 증발해 버릴 가능성이 높다. 따라서 구름이 있다고 해서 반드시 비가 내리는 것은 아니다.

그러나 권운(卷雲)은 날씨가 좋다가 나빠지기 시작하는 시초에 나타난다. 우리 속담에'새털구름(권운)은 비가 올 징조'라는 말이 있다. 이 구름은 저기압 구역의 전면에 나타나는 구름으로 저기압이 접근한다는 뜻으로 앞으로 비가 올 징조가 될 수 있다. 그러나'권운이 엷어지면 맑은 날씨'혹은'권운이 많아지고 중층운(中層雲)으로 변하면 흐리거나 비'라는 속담에서도 알 수 있듯이, 구름의 두께와 높이에 따라 비가 오거나 맑아 질 수 있다.

2-3-3 다양한 구름 종류

권적운(卷積雲)이란 구름은 털쎈구름, 비늘구름, 조개구름 등, 푸른 하늘에 떠 있는 모습을 형용하여 여러 가지 이름이 붙어있다. 그러나 이러한 구름 명칭은 지방에 따라 불리는 이름이 변하기도 하고 나라마다 가리키는 구름이 다르기도 하다. 이 같은 복잡한 명칭은 일기나 기상에 관한 정보를 교환하는 과정에서 일어나게 된다. 그래서 약 100년 전 1895년 국제 기상회의가 열려 세계적으로 통일된 구름의 분류기준이 만들어 졌다.

그 기준은 구름이 있는 고도와 모습에 의해 10종류로 분류하였다. 이것을 10종 운형(雲型)이라 한다. 먼저 존재하는 고도에 의해 크게 3

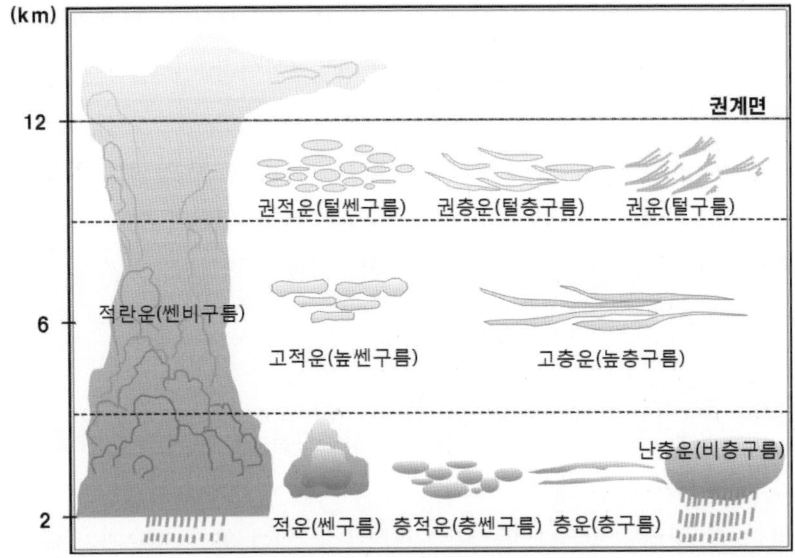

〈그림 2-3-1〉 고도에 따른 구름의 종류

종류로 분류된다. ① 제일 높은 곳의 구름은 지상에서 고도 약 10km 전후의 높이에 생기는 것으로, 권운, 권층운(卷層雲), 권적운으로 분류된다. ② 중층은 고적운(高積雲), 고층운(高層雲), 그리고 ③ 하층에서는 층운(層雲), 층적운(層積雲), 난층운(亂層雲)이 발달한다. 상층과 하층에 걸쳐 수직으로 발달하는 적운(積雲), 적란운(積亂雲)도 있다. 모양에 따라서는 상승기류가 강할 때 수직으로 발달하는 적운형과 상승기류가 약할 때 수평으로 발달하는 층운형 구름으로 나뉜다(그림 2-3-1).

(1) 권운, 권층운, 권적운

보통 5~13km의 고도에 생기며, 상공의 차가운 공기 때문에 거의 대부분이 빙정으로 이루어져 있다. 이러한 구름은 매초 수cm의 약한 상승기류에 의해 생긴다. 권운은 털구름 혹은 새털구름으로 대부분 고기압의 영향으로 맑은 날씨일 때 나타난다. 줄무늬 모양의 구름으로,

하늘 전체를 뒤덮는 경우는 적다. 권적운은 물결 모양 혹은 생선 비늘 모양으로 나타나 털쎈구름, 조개구름, 비늘구름이라고도 한다. 구름을 통해 태양이나 달을 볼 수 있을 만큼 엷다. 권층운은 털층구름, 면사포 구름 또는 무리구름이라고도 한다. 하늘을 뒤덮은 엷은 베일 모양의 구름으로 구름 속에 가끔 줄무늬가 보인다. 아침, 저녁의 노을이 질 때 황색이나 적색을 띤다. 저기압의 전면에 나타나 비가 올 전조일 경우가 많다.

(2) 고층운, 고적운

고층운은 중층에 속하는 구름으로 장막구름, 높층구름이라고도 한다. 줄무늬가 있는 베일 모양의 구름으로 옅은 회색이나 검은색을 띠며, 하늘 전체를 덮는다. 물방울과 빙정으로 되어 있고, 상층까지 넓게 퍼진다. 약한 비나 눈이 내릴 때도 있다. 고적운은 양떼구름, 높쎈구름이라고도 한다. 판자나 덩어리 모양의 구름 조각이 모인 백색이나 회색 구름이다. 거의 물방울로 되어 있으나 기온이 낮을 때는 일부 빙정인 경우도 있다.

(3) 난층운, 층적운, 층운

지상에서 고도 2~7km의 장소에 생기는 구름은 물방울과 얼음으로 구성된 난층운, 층적운이 있다. 이곳의 구름들은 물방울과 얼음결정이 혼합된 상태로 존재해, 모양이 확실하지 않고 구별하기 어려워 관측자마다 호칭의 차이가 있다. 난층운은 속칭 비구름(비층구름)이고 넓은 범위에 생기는 두꺼운 구름이다. 구름의 밑은 암흑색으로 조금 새까맣게 보이며, 대개 하늘 전체로 퍼진다. 저기압의 중심 부근 등에 널리 발달하며 비나 눈이 내릴 때가 많다. 층적운은 두루마리구름이라고도 한다. 검은 회색의 긴 구름덩어리 모양으로, 보통 지상 ~ 2km의 고도에 나타나는 물방울로 이루어진 구름이다. 층운은 지상 ~ 2km 이하에 발생한다. 작은 물방울로 이루어져 있으며, 가끔 이슬비가 내린다. 국지적으로 발생하며 오래 지속되지 않는다. 고기압의 영향으로 대기가 안정되어 맑은 날일 때 발생한다.

(4) 적운, 적란운

이 구름들은 지면의 가열에 의해 매초 수m에서 수십m의 강한 상승기류에 의해 수직으로 발달하는 구름이다. 적운은 뭉게구름이라고도 한다. 햇빛이 비친 부분은 하얗게 빛나고, 구름 밑은 어둡고 편평하다. 높이는 지상에서 약 500m~2km에 달한다. 적란운은 뇌운(雷雲), 번개구름이라고도 한다. 적운과 비슷하나, 발달된 구름모양이 산이나 탑의 모양이다. 대부분은 물방울로 이루어져있으나 꼭대기 부근은 빙정이다. 크기는 수평방향 수십km, 수직방향 지상~2km 정도이나, 구름 꼭대기는 대류권 위 권계면이 있는 약 10~15km 정도까지 이른다. 적운이나 적란운에서는 심한 소나기나 우박이 내리며 천둥, 번개를 동반한 국지성 호우가 발생하기도 한다.

2-4 안개

2-4-1 구름과 안개는 본질적으로 같은 것

구름과 안개(霧)는 서로 다른 것 일까. 실은 구름도, 안개도, 연무(煙霧)도 본질적으로 같은 것이다. 구름도, 안개도 0.002mm 전후의 작은 물방울이고 물방울이 공기 중에 떠다니고 있는 것을 말한다. 그럼 무엇에 의해서 명칭이 구별되어져 있는 것일까.

지면에 붙어있지 않은 극히 작은 물방울이 상공에 표류하고 있는 것은 구름, 그것이 지면부근에 떠다니고 있는 것은 안개이다. 멀리 떨어진 곳에서 관측한 경우는 정상부근에 구름이 걸려있지만, 높은 산에 올라 정상에 서 있는 사람에게는 안개이다. 구름과 안개의 구별은 관측자가 있는 위치에 의해 결정된다. 또 구름과 안개의 차이는, 물방울의 크기, 지면에서 떨어져 있는 정도에 의해 구분된다. 물방울이 지면 가까이 떨어지면 안개이다.

2-4-2 시정이란

어느 정도 먼 곳의 물체를 바라볼 때, 똑똑하게 보일 때와 그렇지 못할 때가 있다. 이것은 지표면 부근의 대기 중을 떠다니는 작은 먼지나, 수증기가 응결한 아주 작은 물방울들과 밀도가 다른 공기 덩어리들이 불규칙하게 접해 있기 때문이다. 이러한 상태는 항상 변하므로,

대기의 투명도(혼탁도)도 변한다. 이 투명도는 통과하는 기단의 성질과도 관련이 있다. 이처럼 눈으로 같은 물체를 볼 때, 잘 보일 때는 시정이 좋고, 잘 보이지 않을 때는 시정이 나쁘다고 한다. 정상적인 눈으로 먼 곳의 목표물을 볼 때, 인식 될 수 있는 최대의 거리(km)를 시정이라 한다.

일반적으로 한랭기단 속에서는 시정이 좋으나 온난기단은 나쁘다. 시정이 가장 나쁜 날씨는 안개 낀 날로, 대략 습도가 70%를 넘으면 급격하게 시정이 나빠진다. 쾌청하게 맑은 날은 40~45km, 흐린 날은 30km 전후, 비가 올 때는 6~10km, 눈이 올 때는 2~15km, 안개가 낄 때는 0.6km 정도이다.

2-4-3 안개와 연무의 차이

그러면 안개와 연무의 차이는 무엇일까. 안개도 연무도 같은 것이지만 관측자가 볼 수 있는 범위의 차이에 의해 구별된다.

(1) 안개

안개는 아주 작은 많은 물방울들이 대기 중에 떠있는 현상이며 수평시정거리가 1km 미만 이고 습도가 거의 100% 이다.

(2) 연무

연무도 안개와 같으나, 연무는 1km 이상 10km 미만의 시정일 경우를 말한다. 습도는 70~90% 이다. 연무는 매연, 작은 먼지, 염분 등이 무수히 떠 있어 배경이 어두우면 푸른 느낌이 들고 밝을 때는 황색 느낌이 든다.

(3) 박무

박무(薄霧)는 안개 입자보다 작은 수적이 무수히 떠 있어 시정을 나뿌옇게 하는 상태로, 안개보다 다소 건조한 느낌이 들지만 습도는 보통 97% 이하일 때가 많고 회색을 띠는 것이 특징이다. 박무와 연무는 다 같이 시정거리 1km 이상으로, 대기 중 물방울의 존재를 인식할 수 있을 때를 말한다. 연무와 박무의 구별은 쉽지 않다.

2-4-4 스모그

물방울 뿐만 아니라 공장에서 배출되는 매연 등의 대기오염물질에 의해서도 시계가 가로막히는 경우가 있다. 이 같은 상태를 스모그라 한다. 스모그는 영어인 smoke와 fog의 합성어이고 1905년 영국에서 처음 쓰이게 되었다. 스모그는 기상용어가 아니고 연기가 길게 늘어져 있거나, 연기로 인한 안개나 연무가 발생하여 전방이 아스라이 보이는 현상을 말한다. 1952년 12월 영국 런던에서 스모그로 4,000여명이 사망하기도 했다. 배기가스에 포함된 다량의 아황산가스와 유독물로 호흡기 손상과 그로 인한 심장병이 원인이었다.

2-4-5 안개의 생성원인

안개는 대기 속에서 수증기가 응결하여 아주 작은 물방울이 되어, 대기 밑층을 떠도는 현상이다. 기온이 0℃ 이하가 되면 승화하여 작은 얼음 덩어리가 되는 빙무(氷霧)가 된다. 안개가 발생하려면 우선 수증기의 응결이 일어나야 하므로, 다음의 조건이 갖추어져야 한다. ① 공기 중 수증기가 다량 함유되어 있을 것 ② 공기가 노점온도 이하로 냉각될 것 ③ 공기 중 흡습성 미립자, 즉 응결핵이 많이 떠 있을 것 ④ 바깥에서 공기 속으로 많은 수증기가 유입될 것 ⑤ 바람이 약하고 상공에 기온의 역전이 있을 것 등이다.

2-4-6 안개의 종류

그러면 이런 조건에서 발생하는 안개의 종류에는 어떤 것이 있을까.

(1) 복사무(輻射霧)

지면이 복사로 인해 냉각되면 지면의 공기도 냉각되어 노점온도에 이르러 수증기가 응결하여 생긴다. 복사무는 바람이 없는 맑은 날 밤에 잘 생기며, 안개 중 80% 이상을 차지한다. 복사무는 국지적 좁은 범위의 안개로, 해진 후부터 해 뜰 때까지 발생하며 해가 뜬 후 1~2시간이면 없어진다. 그것은 해가 뜨면 지표면이 가열되어 지면의 공기가 더워져 안개 입자가 증발하기 때문이다. 그러나 두터운 안개일 경우, 위 부분은 남아 층운이 된다(그림 2-4-1).

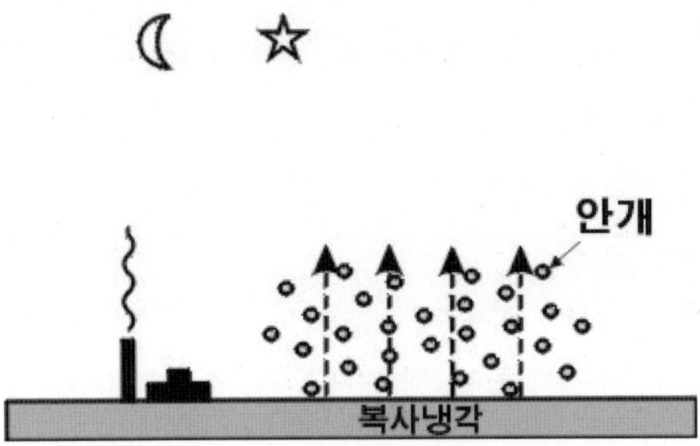

〈그림 2-4-1〉 복사무

(2) 이류무(移流霧)

따뜻하고 습한 공기가 찬 표면으로 이동해 와, 찬 공기와 혼합되거나(열대기단무, 연안무) 혹은 건고하고 찬 공기가 따뜻하고 습한 표면으로 이동하는 동안 습한 표면의 증발에 의해 수증기가 포화되어 발생한다. 해무(海霧)는 따뜻한 해면위의 고온 다습한 공기가 찬 해면으로

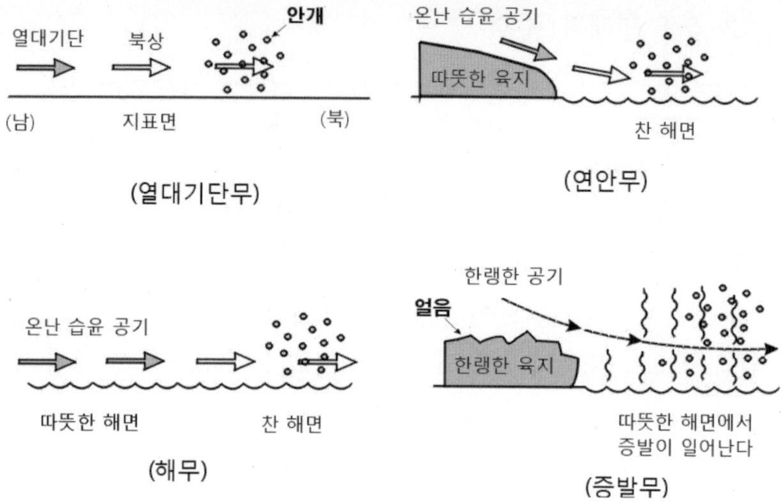

〈그림 2-4-2〉 이류무

이동하여 발생하며 해상 안개의 80%를 차지한다. 강이나 호수 위에 생기는 안개는 찬 공기가 비교적 온도가 높은 수면 위를 지날 때 생기는 안개로 증발무(蒸發霧)라고 한다(그림 2-4-2).

(3) 전선무(前線霧)

온난전선 가까이에는 상공에 기온의 역전이 있고, 온난전선을 따라 생성된 난기의 구름에서 따뜻한 비가 내리는데, 이 비가 한기 속을 떨

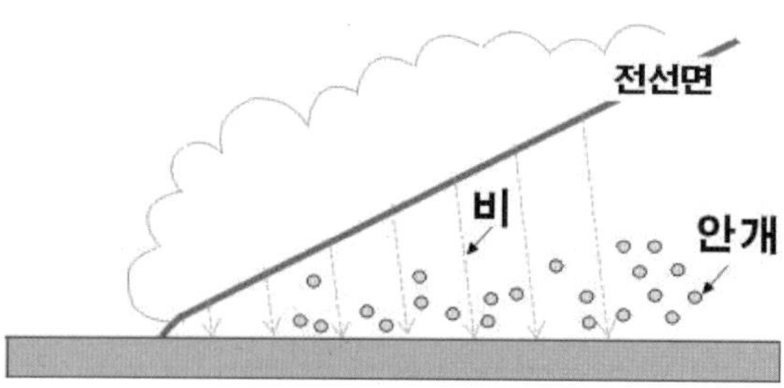

〈그림 2-4-3〉 전선무

어지는 동안 증발하여 한기 내 수증기가 증가해 포화상태에 이르러 안개가 생성된다. 장마 시와 같은 정체전선이 형성될 경우는 상당히 오래 지속된다(그림 2-4-3).

(4) 활승무(滑昇霧)

습한 공기가 완만한 산 경사면을 강제 상승하여 단열 냉각되면, 기온이 낮아져 수증기가 응결되어 나타난다. 주로 산에 나타나며, 평지에서는 층운이나 산에서는 안개이다. 산무(山霧)라고도 한다. 지상 안개와 달리 바람이 강해도 관계없다(그림 2-4-4).

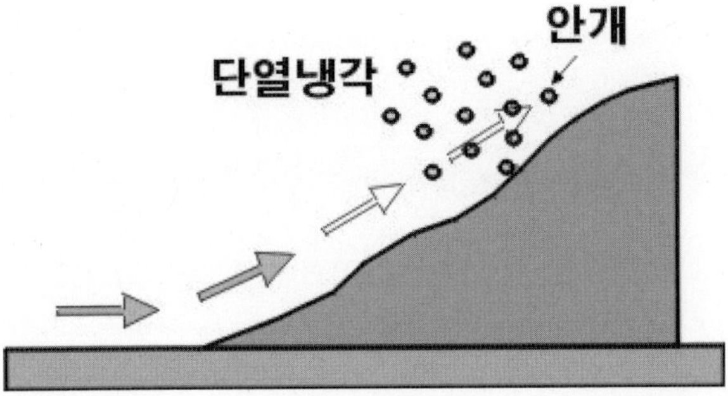

〈그림 2-4-4〉 활승무

(5) 혼합무(混合霧)

따뜻하고 습한 공기와 찬 공기가 같은 수평면 위에서 혼합될 때 생긴다. 두 공기의 온도차가 커도 응결되는 수증기의 양이 작아 안개는 엷다.

2-4-7 안개 생성의 물리적 과정

공기 중 수증기의 포화를 일으키는 주된 물리적 과정은 증발과 냉각이다. 증발 안개로는 증발무와 전선무가 있으며, 냉각 안개로는 복사무와 이류무가 있다.

2-4-8 안개가 사라질 조건

안개가 사라질 조건은 ① 지표면이 따뜻해져 지표면 부근의 기온 역전이 해소될 때 ② 지표면 부근에 바람이 강해져 난류에 의한 수직 방향 혼합으로 안개가 상승할 때 ③ 공기가 사면을 따라 하강하여 기온이 올라감에 따라 안개 입자가 증발할 때 ④ 신선하고 무거운 공기가 안개 구역으로 유입되어 안개가 상승하거나, 차가운 공기가 건조하여 안개가 증발할 때이다.

2-5 강수

공기 중의 수증기가 비, 눈, 우박 등의 형태로 내리는 것을 강수현상이라 한다. 강수량이란 강수가 지면에 흘러내리거나, 땅 속에 스며들지 않고 전부 괴었다고 했을 때, 그 높이를 mm로 표시하고, 내린 눈의 양을 측정하는 적설량은 그 깊이를 cm로 나타낸다.

2-5-1 비가 내리는 이유

우리나라 속담에 '제비가 낮게 날면 비가 올 것'이라는 말이 있다. 제비는 곡식을 먹지 않고 날아다니는 곤충들을 잡아먹는다. 따라서 비를 내리는 저기압이 접근하면 공기 중의 수증기량이 증가하고, 공기 중을 나는 작은 곤충들은 날개에 습기가 많아져 무거워지게 되면 낮게 날게 된다. 그러면 그것을 먹이로 하는 제비는 곤충을 잡아먹기 위해 낮게 날게 된다. 비 오기 전, 습기가 많은 느낌을 민감한 사람들은 느낄 수 있을 것이다. 우리나라는 비교적 비가 많은 나라다. 물론 인도와 같은 곳은 연 강수량이 20,000~30,000mm로, 우리나라의 1,000~1,300mm에 비하면 엄청난 양이지만 이런 지역은 그리 많지 않다. 그러면 비는 어떻게 해서 내리는지 살펴보자.

공기 중에는 수증기가 포함되어 있다. 상승 기류가 생겨 수증기를 포함한 공기가 상공으로 상승하면 주변 기압이 낮아지므로 상승한 공기는 단열 팽창된다. 공기의 부피가 늘어나면 기온이 낮아지게 되는데(보일·샤를의 법칙), 기온이 이슬점(노점온도) 아래로 떨어지면 공기 중의 수증기가 응결되어 작은 물방울이 된다. 이 작은 물방울의 집합이 구름이다. 구름이 생성되기 위해서는 상승 공기의 온도가 이슬점 이하로 내려가는 높이(응결 고도: 공기가 상승함에 따라 기온과 이슬점이 같아져서 응결이 시작되는 높이)까지 공기가 상승해야 한다. 이러한 기류의 상승과 구름의 생성에 대해서는 앞장에서 배웠다. 그럼 이 구름에서 왜 물방울이 지상으로 내려 쏟아지는 것일까. 바람, 태양복사, 기단과 전선의 영향 등으로 수증기가 과다 유입되거나 기온이 내려가면 크고 작은 물방울들이 충돌하거나, 구름 꼭대기 부분(기온이 내려감)의 과포화 상태가 심해져 일시에 많은 양의 응결이 일어나 물방울이 커진다. 이렇게 커진 물방울은 무게를 이기지 못하고 지상으로 떨어져 비가 된다.

2-5-2 더운 비

앞장에서 구름 속 물방울도 고도가 높으면, 낙하도중 대기 중에 증발되어 사라져버리므로 빗방울이 될 수 없다는 것을 알았다. 작은 물방울이 큰 물방울로 성장하는 과정에는 두 가지가 있다. 더운 비와 찬 비이다. 우선 더운 비의 성장과정(병합설)부터 알아보자. 더운 비란 열대나 아열대지방의 해상이나 해안에 내리는 비로, 구름 속에 존재하는 수증기가 물방울이 되어 모여서 내리는 비다.

더운 지방의 구름은 구름꼭대기의 온도가 0℃ 이하로 내려가지 않는다. 구름 속은 수증기가 많이 존재하지만, 이러한 수증기가 물방울이 되기에는 무엇인가 필요하다. 바다위의 공기 중에는 수증기를 흡수하기 쉽고 구름 방울보다 큰(보통 1~10μm의 크기), 해수로부터 날아오르는 소금 입자(해염핵)가 떠다니고 있다. 수증기는 이 해염핵 등을 핵으로 해, 작은 물방울이 된다. 한편, 주변 공기의 수증기압이 이 작은 물방울의 수증기압보다 크면(대기의 수증기량이 많아 작은 물방울 주변으로 이동) 주변 공기의 수증기가 이 물방울에 흡수(병합)되어 함께 응결한다. 그러나 이 과정에서는 물방울이 성장하는데 시간이 걸린다. 실제로 구름 속의 공기는 상승과 하강을 반복하고 있다. 따라서 구름 속 작은 물방울들은 서로 충돌(부착)해 빠른 속도로 큰 입자의 물방울로 성장하고 무거워져 낙하하게 된다. 낙하도중 작은 물방울과 합쳐져 더 커지기도 하고, 너무 커진 입자는 낙하도중 분열되기도 한다. 이것이 더운 비의 형성과정이다(그림 2-5-1). 비가 내릴 수 있는 구름 온도가 0℃ 이상이기 때문에 더운 비라 한다.

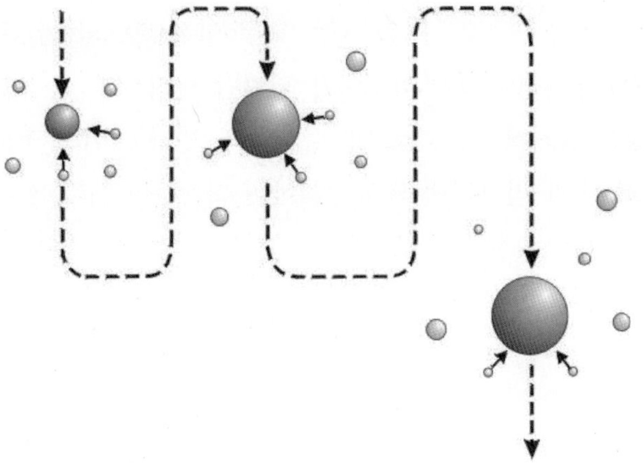

구름 속 상승기류를 타고 상승과 하강을
반복하여 물방울이 성장한다

〈그림 2-5-1〉 더운 비의 형성과정

2-5-3 찬비

더운 비에 반해, 한국 등에서 보여 지는 거의 대부분의 비는 찬비이다. 지역적으로는 고위도지방, 계절적으로는 겨울에 많다. 그 형성과정(빙정설)은 이렇다. 높이 형성된 상공의 구름은 상층에 빙정핵과 기온이 낮아 수증기가 언 빙정으로 형성되어 있고, 그 아래 중간층은 0℃가 되어도 좀처럼 얼지 않는 과냉각 물방울, 그 보다 아래층에는 0℃ 이상의 물방울이 존재한다. 즉, 구름 속은 빙정과 과냉각 물방울 그리고 물방울이 함께 섞여 있다. 한편, 과냉각 물방울 표면의 수증기압은 빙정 표면의 수증기압보다 커서, 과냉각 물방울이 증발하여 수증기가 되고, 수증기의 승화에 의해 빙정으로 흡수 되어 더 큰 빙정 입자로 성장한다(그림 2-5-2).

-15℃의 상공에 형성된 구름은 과냉각 물방울과 빙정이 섞여 있는 상태이고, -20℃ 이하의 구름입자는 모두 빙정으로 되어있다. 상층의 빙정이 승화에 의해 얼음 알갱이가 커지면 낙하하고, 중간의 과냉각 물방울 층을 통과하면서 더 크게 성장한다. 빙정이 어느 정도 커지면 과냉각 물방울과 직접 충돌하고 부착하여 싸락눈이 된다. 싸락눈은 낙

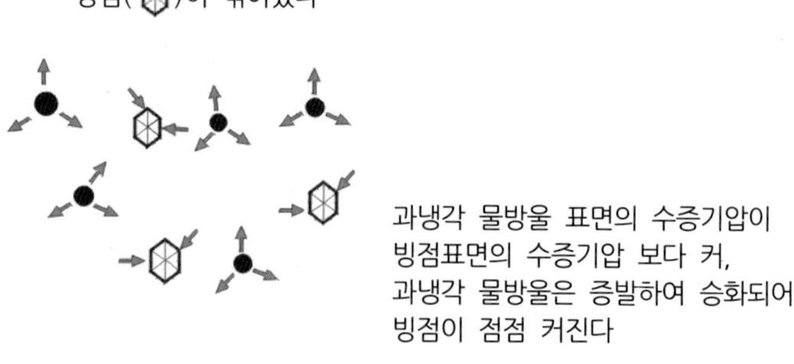

〈그림 2-5-2〉 빙정의 형성과정

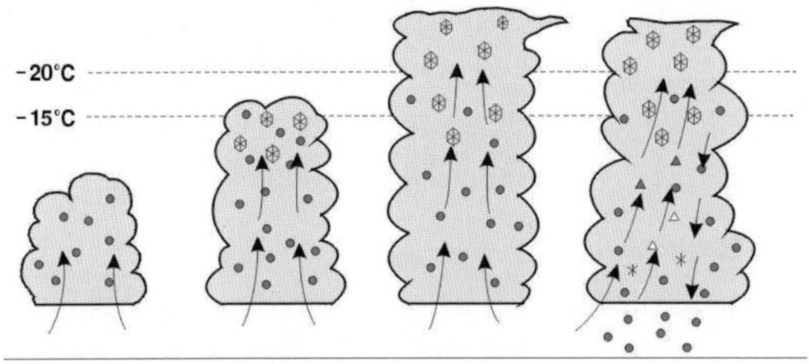

〈그림 2-5-3〉 찬비가 내리는 과정

하 하면서 점점 더 과냉각 물방울을 부착시켜 커지고 무거워져 하층으로 내려오는데, 기온이 0℃보다 높은 공기층을 통과하면 녹아서 비가 된다. 이것이 찬비이다. 따라서 구름꼭대기 부근의 냉각된 빙정으로 된 구름층이 없으면 찬비는 내리지 않는다. 또, 낙하도중 기온이 높은 공기층이 없다면, 빙정은 과냉각 물방울 입자가 더 부착되고 성장해 눈이 되어 낙하한다(그림 2-5-3).

2-5-4 비의 종류

구름에서 비가 만들어지는 이유와 함께, 기상 조건에 따라 어떤 종류의 비가 내리는지 살펴보자. 비는 상승기류의 원인에 의해 4가지로 분류한다.

(1) 대류성 비

여름철 지표 부근의 공기가 주위보다 어떤 원인으로 강하게 가열되거나 상층에 찬 공기가 흘러들어 오면, 기온감률이 커지고 성층이 불안정해져, 수직으로 대류가 일어나 적운이나 적란운이 생긴다. 적운 단계는 좀처럼 비가 내리지 않으나, 구름꼭대기의 기온이 점차 낮아져 빙정이 생기면 대류운동이 더욱 활발해져 강한 비가 내린다. 열대지방에 내래는 비나 우리나라의 여름철 소나기가 대표적 예이다.

(2) 지형성 비

강한 바람이 산맥을 불어 넘어갈 때, 수증기를 포함한 공기가 강제 상승하여 단열팽창과 냉각이 일어나 구름이 형성되고 비가 내리게 된다. 비의 양은 바람의 강도, 공기 속 수증기 양, 산의 경사와 높이에 따라 좌우된다. 겨울 우리나라에 북서풍이 불 때, 공기가 서해상의 수증기를 함유하고, 서해안 육지 위로 올라오면서 많은 눈을 내리는 것이나 산악 지대에 내리는 비가 대표적 예이다.

(3) 수렴성 비

태풍이나 저기압의 중심을 향해 주변에서 바람이 불어들어 오면, 중심 부근에 강한 상승기류가 생겨 구름이 만들어지고 비가 내린다. 태풍이 지날 때 많은 비가 내리는 것이 그 예이다.

(4) 전선성 비

온도가 서로 다른 공기가 전선(온난전선, 한랭전선 등)에 수렴될 때, 전선면을 따라 기류가 상승하여 내리는 비이다. 수렴성 비에 포함하기도 한다. 온난전선일 때는 넓은 구역에 걸쳐 장기간 약한 비가 오고, 한랭전선일 때는 좁은 구역에서 소나기성 비가 온다. 열대지방과 산악지역 이외의 장소에서는 대개 수렴성 비나 전선성 비의 형태로 비가 오게 된다.

2-5-5 우박이 내리는 이유

우박은 온도가 영상인 여름에 작은 얼음덩어리가 내리는 것이다. 우박은 크기가 큰 싸락눈(싸라기)이다. 크기가 작은 얼음알갱이가 싸락눈이고, 크기가 큰 싸락눈이 우박이다. 보통 싸락눈은 크기가 직경 2~5mm의 반투명이나, 우박은 5~50mm로 투명층과 반투명 층이 번갈아 나타난다. 싸락눈이나 우박은 대류가 강한 적운형(적운, 적란운) 구름에서 내린다.

(1) 싸락눈

적운형 구름은 두께가 매우 두꺼워 구름 꼭대기 부분의 높이가 5,000m 이상이다. 고도가 높은 곳은 기온이 매우 낮아 작은 얼음 알갱이(빙정)로 되어 있고, 그 아래에는 과냉각 물방울이 있다. 빙정이 낙하하면 과냉각 물방울과 충돌하여 언다. 이 얼음 알갱이가 지상에 낙하하는 것이 싸락눈이다. 따라서 싸락눈은 대체로 투명한 얼음이다.

(2) 우박

우박은 적란운 중에서도 천둥, 번개가 치는 뇌운에서 내린다. 뇌운 속은 강한 상승기류가 있다. 상승기류가 강하면 구름 속의 빙정은 낙하하다 비교적 온도가 높은 (약 0℃)과냉각 물방울과 만나 언 다음(이때 투명한 얼음층 생성), 다시 더 높은 곳으로 상승한다. 다소 높은 위치의 과냉각 물방울은 온도가 -20℃ 정도로 매우 낮아, 이때 형성되는 얼음층은 불투명하다. 이런 과정을 반복하면 우박의 표면은 투명과 반투명의 얼음층이 만들어지면서 성장한다. 상승기류보다 더 무거워지면 우박은 작은 얼음덩어리 형태로 지상에 떨어진다. 지상에 도착할 때까지 공기 마찰열에 의해 녹는 정도는 매우 작으나 기온의 영향을 많이 받는다.

2-5-6 눈의 형태

앞에서 비와 눈이 내리는 구조에 대해 살펴보았다. 여기서 눈의 형태에 대해 이야기해 보자. 눈의 결정을 자세히 본 적이 있는가. 눈의 결정은 하늘에서 눈이 만들어지기까지의 과정에 달려있다. 구름 속 수증기가 일단 빙정으로 되고 성장하여 그것이 녹지 않은 상태로 지상으로 내려오는 것이 눈이다. 물은 얼면 육각형 결정이 된다. 물은 두 개의 수소가 결합한 구조로, 결합하는 각도와 어울리는 방식에 따라 결정이 정해진다. 물 분자(수증기)는 두 면이 만나는 모서리 사이에 더 잘 달라붙는데, 육각형으로 배열될 때 가장 안정적이다. 눈은 기본적으로 육각형 기본 꼴을 가지고 〈그림 2-5-4〉와 같은 별모양, 나뭇가지모양, 기둥모양, 바늘모양, 장구모양 등의 다양한 형태가 나타난다.

눈의 결정 모습은 눈이 성장할 때의 주변 기온이나 습도에 따라 달라진다. 따라서 내리는 눈의 결정 모습을 조사하면, 결정이 성장할 때의 대기 기온이나 습도를 알 수 있다. 눈의 결정 모습은 6천종 이상 있다고 알려져 있다. 사각사각한 가루눈과 수북한 함박눈은 당연히 결정 모습도 다르다. 기온이 낮고 습기가 적으면 결정 모양은 단순해지고, 기온이 높고 습기가 많으면 섬세한 모양이 된다. 결정이 작고 가벼운 가루눈은 아주 추운 날 대기 중 수증기 양이 급격히 적어질 때 내리며, 기온이 높아져 수증기 양이 증가하는 늦겨울엔 습기가 많고 무거운 함박눈이 자주 내린다. 2월이나 3월에 폭설이 나타나는 현

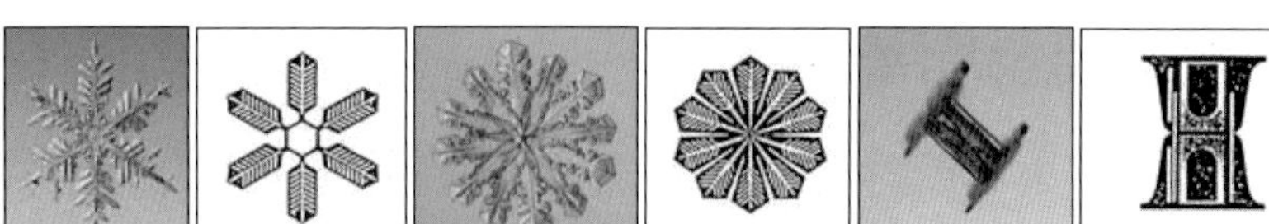

〈그림 2-5-4〉 육각형, 12각형, 육각 장구형 모양의 눈의 결정

상도 이 때문이다. 눈이 만들어질 수 있는 최저 온도는 -40℃ 정도로 알려져 있다.

2-5-7 인간이 만든 비

구름은 잔뜩 끼어 있는데 비가 오지 않는다. 또 하늘에 아예 구름 한 점 없다. 인간이 비를 만들어 내리게 할 수 없을까. 인류 역사 오래 전부터 간절히 원하던 기술이다. 구름 한 점 없는 하늘은 어떠한 인공 강우 방법도 불가능하다. 앞에서 비를 내리는 구름은 상층, 중층, 하층으로 구성된 3층구름이라 하였다. 비가 오지 않는 구름은 빙정으로 이루어진 상층 구름층이 없는 구름을 가리킨다. 구름에서 비가 내리기 위해서는 빙정과 물방울이 공존하여, 물방울의 수증기압이 빙정에 대한 수증기압보다 높아 물방울은 증발하고, 빙정은 수증기가 승화해 커져야만 된다.

인공강우란 구름은 끼어 있으나 대기 중에 응결핵 또는 빙정핵이 적어 구름 방울이 빗방울로 성장하지 못할 때, 인위적으로 만든 작은 입자를 뿌려 특정지역에 비를 내리게 하는 현상을 말한다. 인공강우 실험의 첫 번째 성공은 1946년 11월 13일 쉐퍼(Schaefer)라는 사람이 소형 비행기를 이용하여 구름 속에 드라이아이스 조각을 살포한 실험이다. 비행기가 과냉각 물방울로 형성된 고적운 속에 드라이아이스를 뿌리자, 구름 속에 눈이 내리고 낙하하면서 비로 바뀌었다. 우리나라도 최근 대관령과 태백 등의 산간지역과 평지인 서울 수도권에서 여러 차례 인공강우 실험을 실시해 수차례 비를 만드는 데 성공하였다.

온난구름의 경우는 흡습성이 큰 염분 입자(염화칼슘)를 뿌려 충돌, 응집과정을 가속화시키고, 한랭구름인 경우 드라이아이스나 요오드화은(AgI)과 같은 인공 빙정핵을 가하여 빙정과정이 효과적으로 진행되게 하여 강우를 유도한다. 이러한 인공입자들을 비의 씨앗이라 하고, 이것들을 비행기나 기구, 또는 산을 넘어가는 기류 등을 이용해 구름 속으로 들여보낸다. 이 과정을 구름씨뿌리기라고도 한다. 구름씨뿌리기는 인공강우 외에 안개를 제거하거나 대기 중의 황사 제거에도 이용된다.

2-5-8 강수확률

TV의 일기예보에 '오늘의 강수확률은 30%' 라는 방송을 자주 듣는다. 강수확률 30%라 하더라도 우산을 챙겨야 할 것인지 말 것인지 헷갈린다. 강수확률이란 일정기간 중 몇 % 시간 동안만 비가 내리는가의 의미는 아니다. 과거의 예보와 통계를 합쳐, 비가 내릴 것이라고 100회 예상한 가운데, 1mm 이상의 비가 30회 왔으므로, 그 비 올 가능성이 30%다 라고 하는 것이다.

그러면 몇 %부터 우산을 준비해야 하는가. 이것은 어렵다. 70~80%면 귀찮더라도 포기하고 우산을 가지고 가는데, 30~40% 라면 망설이게 된다. 실제, 30%라면 우산을 가지고 가는 것이 안전하다. 30%라고 하는 것은 3번에 한번 비 맞을 확률이 있다는 것으로, 대기 상태는 비를 내리는 저기압이나 전선이 그 지방을 통과해 지나갈 수 있고, 그렇지 않을 수도 있다. 40%라면 당연히 비가 내리기 쉬운 확률이다. 전선이나 저기압이 존재하기 쉬운 대기상태이다. 이때는 숫자만으로 판단하지 말고, 일기도나 TV 정보를 대기의 상태와 맞추어 판단한다. 강수확률 30~40%에서, 비에 젖어서 곤란하면 우산을 챙겨가는 편이 안심이다.

일기속담 한마디

개미가 이사하면 비가 온다

개미는 기압이나 습도 등 기상변화에 민감하다고 알려져 있다. 기압이 내려가 습도가 많아지면 개미는 앞으로 비가 올 것을 예측하고, 개미집이 물에 잠기어 익사하는 것을 방지하기 위해 미리 안전한 장소로 옮기는 습성에서 비롯된 속담이다.

2-6 대기 안정도

앞 장에서 공기가 산의 경사면이나 전선면을 따라 올라가던지, 대류에 의해 상승하면 기압이 낮아져 공기 덩어리가 팽창하여 노점온도에 이르러 구름이 생성된다는 것을 알았다. 그러면 생성되는 구름의 높이나, 강수의 유무, 강수의 양은 어느 정도인지를 알기 위해서는 공기 덩어리가 함유하고 있는 수증기의 양, 공기 덩어리의 상승속도, 주변 대기의 기온과 습도의 감율 정도, 그리고 대기의 안정도를 알아야 한다.

2-6-1 공기 온도가 감소하는 비율(감율)

공기의 상승과 하강에 따른 연직 방향의 대기 안정도를 알기 위해서는 다음의 3가지 감률을 알아야 한다.

(1) 기온감률

일반 대기 중의 공기가 고도가 높아질수록 기온이 하강하는 비율이다. 100m마다 평균 0.5~0.6℃ 하강한다. 우리가 실제 산에 오르면 기온이 낮아지는 것을 느낄 수 있는데, 이것은 어느 특정 장소에 대한 대기 상태가 아니라 전체적으로 본 기층의 평균 상태를 나타낸다. 기온감률은 대기 전체에 대한 평균적인 것이다. 따라서 매일의 대기상태는 여러 변화가 있을 수 있으므로 만약, 지상에 바람이 강하게 불 때는 100m 마다 1℃ 이상의 감률이 될 수 도 있다.

(2) 건조단열감률

건조 공기가 상승할 때 온도가 감소하는 비율이다. 100m 마다 1℃ 하강한다. 어느 특정한 공기 덩어리가 어떤 원인으로 상승할 때의 감률이다. 실제 공기는 항상 얼마정도의 수증기를 포함하고 있으나, 그 공기의 습도가 100% 이하이면 그 공기는 포화에 달할 때까지 건조단열감률로 기온이 하강한다.

(3) 습윤단열감률

공기 속의 수증기가 포화된 후 상승할 때 온도가 감소하는 비율이다. 100m 마다 평균 0.4~0.6℃ 하강한다. 공기가 상승하면 기온이 점차 내려가, 어느 시점에는 포화에 달한다. 이것이 더욱 상승하면 수증기가 물방울로 변해간다. 이때, 수증기 응결에 따른 잠열이 방출되면서 기온이 하강하므로, 그 방출된 잠열 량만큼 감률이 작아진다. 이 값은 공기 중 수증기 량이 적으면 건조단열감률에 가깝고, 수증기량이 많으면 잠열의 방출도 많아 감률도 작아진다. 보통 수증기 량에 따라 0.3~1.0℃까지 변화한다.

기온감률은 대기를 넓은 범위의 정적인 것으로 생각하여 나타낸 것이고, 단열감률은 어느 특정한 대기가 상승할 때의 동적인 것으로 생각한 것이다.

2-6-2 단열변화 과정

그러면 단열변화 과정은 어떻게 일어날까. 상승하는 공기 덩어리가 매우 느린 속도로 천천히 상승하면, 주변 공기의 영향을 받아 당연히 주변과 같은 기온이 될 것이다. 그러나 일반적으로 상승하는 공기 덩어리는 주변공기와의 사이에 열을 주고받지 않는다고 생각해도 지장 없다. 이와 같이 주변과 주고받는 열이 차단된 과정을 단열과정이라 한다.

기압은 상공으로 갈수록 낮아지므로 지상에서 상승하는 공기덩어리는 상공으로 갈수록 팽창한다. 기체가 팽창한다고 하는 것은 주변의 공기를 밀어제치는 것이므로, 그 행위만큼 상승한 공기가 일을 한 것이 된다. 따라서 그 한 일만큼의 열에너지가 줄어들어 상승한 공기의 기온은 내려간다. 이것이 단열냉각이며 이 과정을 건조단열변화과정이라 한다. 상승을 계속해 기온이 더 내려가면 상승한 공기덩어리는 결국 포화에 달하고 수증기가 응결되기 시작한다. 이 응결이 시작되는 높이를 응결고도라 한다. 포화된 이후의 과정을 습윤단열변화과정이라 하고, 이 과정부터 구름이 만들어지기 시작한다.

한편, 상공에서 단열적으로 공기가 하강하면, 주변의 기압이 높아지므로 하강한 공기는 점차 압축된다. 이 압축되는 행위는, 하강한 공기에 대해 바깥 주변의 공기가 그만큼 일을 했고, 하강한 공기는 일을 해서 받은 것이 되어, 하강한 공기의 열에너지는 증가하고 기온은 올라간다. 이것이 단열승온이다. 단열냉각이나 단열승온과 같은 온도 변화를 단열변화라 한다.

2-6-3 대기의 안정과 불안정

대기 중의 어떤 공기 덩어리를 임의의 높이까지 올렸을 때, 그 주변 공기의 관계를 살펴본 결과, 다시 본래의 위치로 되돌아오려고 할 경우엔 대기가 안정되었다고 한다. 반대로, 올린 공기가 더 상승하려고 할 경우, 그 대기는 불안정하다고 한다. 또, 올라간 상태에서 상승하지도 않고 하강하지도 않을 경우는 중립이라 한다. 〈그림 2-6-1〉에 두 가지 경우의 고도에 따른 기온 변화(기온감률) 예를 나타낸다. 그러면 대기가 안정 혹은 불안정하기 위한 조건은 무엇인지 살펴보자.

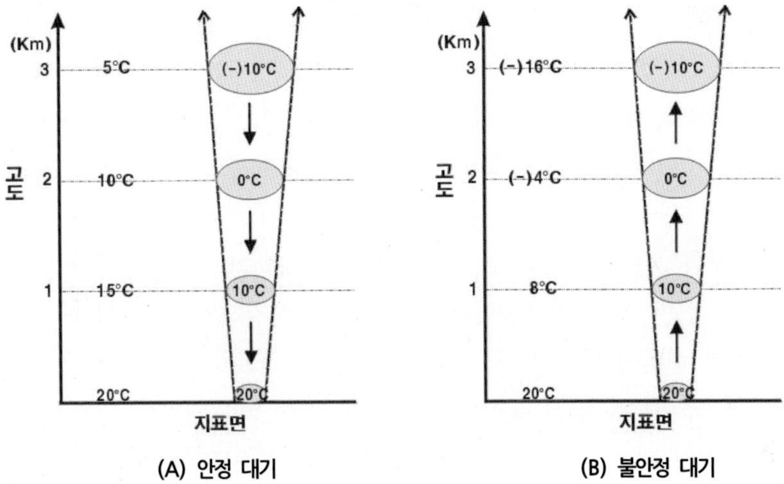

〈그림 2-6-1〉 안정 대기와 불안정 대기

(1) 안정

기온감률이 습윤단열감률(0.6℃)보다 작으면 대기는 안정하다. 만약, 〈그림 2-6-1〉의 (A)처럼 지상의 기온이 20℃이고 대기의 기온감률이 100m마다 0.5℃이면, 지상 1km에서 15℃, 2km에서 10℃, 3km는 5℃가 된다. 이것에 대해 상승하는 공기(불포화된 공기)를 3km까지 건조 단열적으로 상승시켜 놓으면, 이 공기는 건조단열감률 1.0℃로 기온이 내려가 -10℃가 된다. 따라서 이 공기는 주변 대기의 온도 5℃보다 낮기 때문에 무거워져 다시 본래의 위치로 되돌아오게 된다. 이것은 공기가 상승을 시작하면, 최초에는 건조단열감률로 기온이 하강하기 시작하고 포화에 달하면 습윤단열감률로 하강하므로, 주변 대기의 기온감률이 최소한 습윤단열감률보다 작은 상태이면, 상승 공기 온도는 주변보다 항상 낮아 무거워진다. 안정한 대기는 상승운동이 억제되고 대기가 정체되어 일반적으로 시정이 나쁘다.

(2) 불안정

기온감률이 건조단열감률(1.0℃)보다 크면 대기는 불안정하다. 〈그림 2-6-1〉의 (B)처럼 기온감률이 100m 마다 1.2℃이면, 지상 1km에서 8℃, 2km에서 -4℃, 3km는 -16℃가 된다. 지표면의 공기를 3km까지 건조단열적으로 상승시키면, 이 공기는 -10℃로 주변 대기 온도 -16℃보다 온도가 높으므로 가벼워 더욱 상승하게 된다. 공기가 상승을 시작하면 최초 건조단열감률로 기온이 하강하기 시작하는데, 이때 주변 대기의 기온감률이 최대 건조단열감률보다 크면, 상승 공기 온도는 주변보다 항상 높아 가벼워진다. 불안정한 대기는 돌풍이 불므로 비가 오지 않는다면 시정은 좋다. 소나기, 천둥, 번개 등이 치기도 한다.

〈그림 2-6-2〉의 대기 안정도 곡선을 보면 기온감률선이 상승공기의 단열감률선 보다 오른쪽 A에 있으면 항상 주변 대기보다 온도가 낮아 무겁게 된다. 이때는 안정이다. 기온감률선이 단열감률선 보다 왼쪽 B에 있으면 반대로 대기는 항상 불안정하게 된다.

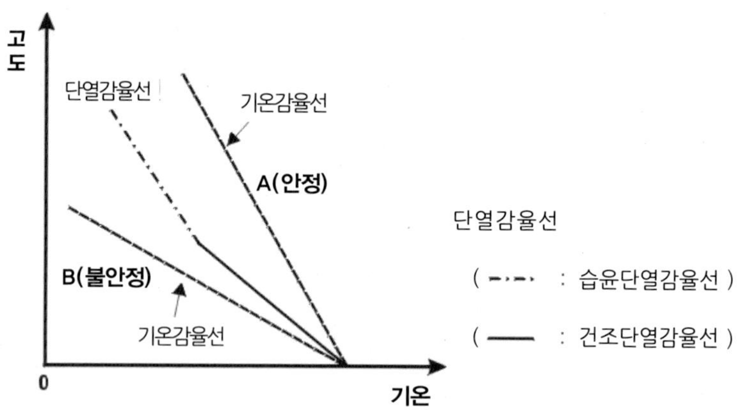

〈그림 2-6-2〉 대기 안정도 곡선

(3) 조건부불안정

〈그림 2-6-3〉과 같이 기온감률이 건조단열감률보다 작고 습윤단열감률보다 클 경우, 대기는 조건부 불안정이다.

〈그림 2-6-3〉의 상승 공기 A는 최초 건조단열선(AB)을 따라 상승하는데, 포화에 달하면 습윤단열선(BC)를 따라 상승한다. 이때, 기온감률이 습윤단열감률보다 크므로 기온감률선과 습윤단열선은 서로 만난다. 이 교차점을 자유대류고도라 한다. 이 교차점 이하는 상승공기는 주변보다 온도가 낮으므로 안정이지만, 자유대류고도를 넘으면 주위보다 온도가 높아져 공기는 자동적으로 상승하여 불안정해진다. 이와 같이, 하층은 안정이라도 상층이 불안정하므로, 이것을 조건부 불안정이라 한다. 공기가 자유대류고도 이상 상승하기 위해서는 규모가 큰 강제상승이 필요하다. 대부분의 폭풍우는 조건부불안정에서 일어난다.

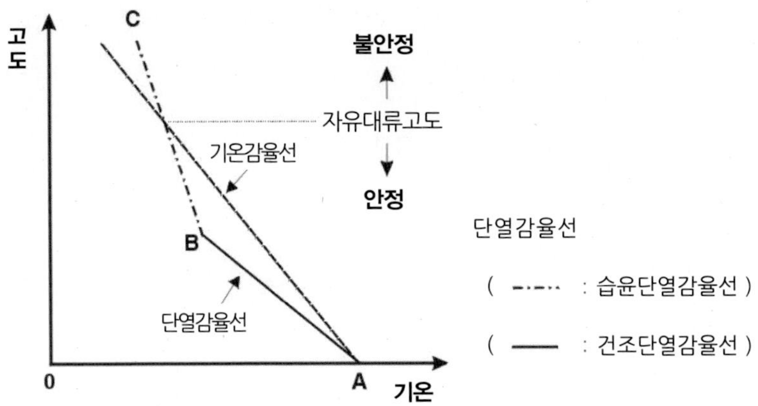

〈그림 2-6-3〉 조건부 불안정

(4) 대류불안정

기온감률이 습윤단열감률보다 작은 안정한 대기의 경우라도, 공기층의 하층은 습윤하고 상층은 건조한 기층이 전체적으로 상승할 때는, 상승하는 공기층 내의 기온감률이 습윤단열감률보다 커 불안정해져, 그 기층 내에서는 대류가 일어난다. 이것을 대류불안정이라 한다.

2-7 일기도와 일기예보

2-7-1 일기도

TV나 신문의 날씨 란을 보면 반드시 보여주는 그림이 있다. 일기도이다. 〈그림 2-7-1〉은 2월에 작성된 과거의 일기도 중 하나이다. 일기

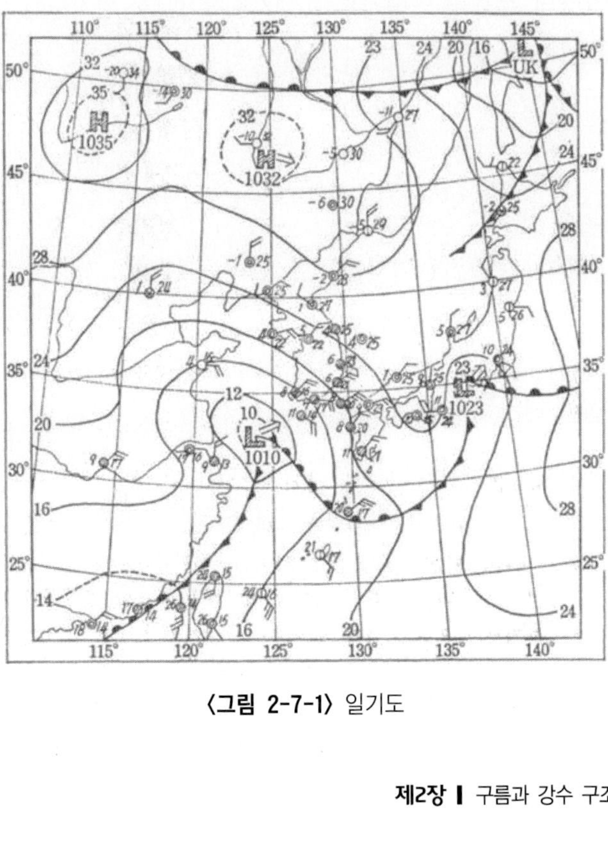

〈그림 2-7-1〉 일기도

도란 어떤 시각에 각지의 기상상태를 한꺼번에 볼 수 있도록 지도 위에 표시한 것이다. 주로 일기예보나 일기분석에 이용된다. 보통 지표상에 풍향, 풍력, 일기, 기온, 기압, 동일기압의 장소, 고기압이나 저기압의 위치, 전선이 있는 장소 등을 숫자, 기호, 등치선 등으로 기호화, 수량화하여 기입한다. 기압이나 기온과 같이 공간적으로 연속된 양을 표현할 경우에는 등압선이나, 등온선 등에 의한 표현이 사용된다. 〈그림 2-7-1〉에 표시되어 있는 많은 곡선들은 기압이 같은 지점을 연결한 등압선이고, H(고기압), L(저기압)은 등압선 형식으로 표시한 기압의 중심이다. 또 톱니 모양의 기호는 전선의 위치를 표시한 것이다.

일기도로부터는 현재 지상의 대기상태를 알 수 있다. 그러나 변화하고 있는 대기의 상태를 알기 위해서는 한 장의 일기도에 기재된 일기나 기상요소의 분포를 연속적으로 생각해야 한다. 일기도를 일정시간 간격으로 연속 작성하면 날씨의 시간적 변화와 그 변화를 일으키는 구조를 파악할 수 있다. 일기도는 날씨의 몽타주와 같다.

2-7-2 일기도의 역사

최초의 일기도는 언제 어디에서 누가 만들었을까. 그것은 1819년 독일의 물리학자 H.W.브란데스이다. 그는 세계 최초로 동일 기압을 선으로 연결한 등압선을 이용하여 일기도를 그렸다. 그러나 당시엔 전신이 발달되지 않아, 그 일기도는 1783년 3월 6일, 즉 36년 전의 하늘 상태를 표현한 것이었다. 이것으로는 내일의 일기를 예측할 수 없다. 17세기에는 기압계나 온도계와 같은 대기 상태를 파악하는 다양한 도구가 발명되었으나, 일기도를 그리기 위해서는 넓은 지역의 대기 상태를 동시에 그리고 재빠르게 파악해야 하므로, 먼저 전신이 발명되지 않으면 안 되었다. 1840년대 전신이 급속도로 보급되자, 런던에 있는

데일리뉴스라는 신문사에서 1849년 처음으로 각 지방의 일기실황을 동시에 수집하여 게재하였다. 다음해 미국의 물리학자 J.헨리가 전신국의 협조를 얻어 기상자료를 수집하였고, 1858년 세계 최초로 만든 일기도에 의한 일기예보가 발표되었다. 이후 세계 여러 나라에서도 일기도가 발행되었다

2-7-3 한 나라의 일기도에서 세계의 일기도로

1895년 이탈리아에서 무선 전신이 발명되었다. 이것으로부터 짧은 시간에 바다 건너 먼 나라나 먼 지역의 기상 정보가 얻어질 수 있게 되었고, 한 나라나 한 지방 단위가 아닌 세계의 일기도가 작성될 수 있었다. 현재는 국가 연합(UN)에 세계기상기구(WMO)가 설립되어 한국을 포함한 146개 국가가 국제간 기상정보를 서로 제공하는 협조를 하고 있다. 전 세계의 대기는 연결되어 있고, 일기예보는 이미 한나라뿐만 아니라 지구 전체에서 공유되어지고 있다.

2-7-4 한국의 기상관측 역사

우리나라 삼국유사에 하늘에서 환웅(桓雄)이 무리 3,000을 거느리고 태백산의 신단수(神壇樹)밑에 내려와 나라를 세웠는데, 풍백(風伯), 우사(雨師), 운사(雲師)를 거느리고 세상을 다스리기 시작했다고 기록되어 있다. 전설이지만 우리 민족은 예로부터 기상현상을 주목하여 이를 관측하고 통제하려 힘썼다고 할 수 있다.

한국의 기상관측 역사를 보면, 고려 초기에 기상과 천문을 관측하는 태사국(太史局)이라는 기관이 있었고, 1308년(충렬왕 34년)에는 서운관(書雲觀)이라는 기상관측기관이 설치되어 조선 초기까지 존속하였다. 우리나라는 논농사 때문에 다양한 일기를 예보하는 속담이나 관용구는

발달했으나, 조선시대가 될 때가지 조직적으로 기상을 관측한 일은 없었다. 그러나 1441년(세종 23년)엔 측우기(그림 2-7-2)가 발명되어 이듬해부터 과학적 우량관측이 시작되었는데, 이것은 서양(1639)의 것보다 198년이나 앞선 것이었다. 1466년(세조 12년)에는 서운관이 관상감(觀象監)으로 개칭, 확장되었고, 이때부터 1907년까지 측정한 서울지방의 강우량 기록이 현존하고 있다. 구한말부터는 일본인 등에 의하여 지역적으로 현대식 기상관측이 이루어지다가, 1907년에 인천에 통감부 관측소 및 지방지소가 설립되고, 이후 총독부 관측소 및 측우소로 개칭되었다. 1948년 정부수립과 함께 현재 기상청의 전신인 문교부 국립중앙관상대가 정식으로 발족한 후, 1982년 국립중앙기상대로 이름이 바뀌었고, 1990년 과학기술처 소속 기상청으로 승격되었다. 이것이 현재 기상청의 모습이다.

〈그림 2-7-2〉 측우기와 측우대 (보물 제561호, 문화재청)

2-7-5 현재 우리나라의 기상관측

기상관측은 광복 후 비약적 발전을 하였다. 1956년 3월 세계기상기구(WMO)에 가입하였고, 1979년에는 정지기상위성의 수신 장치를 설치하였다. 1984년 이후 기상장비의 현대화, 기상업무의 전산화를 추진하여 기상 레이더, 기상위성수신 및 분석 장비, 자동관측 장비, 고층관측 장비, 지진계, 낙뢰감시기, 기상분석용 컴퓨터 등을 도입하고 기상통신 전산망과 기상영상 통신망을 구성하여 예보, 관측, 통계처리 등에 많은 노력을 기울였다.

우리나라 기상청은 현재 지상, 해양, 고층, 위성, 레이더, 항공, 지진관측을 위해 89개 지점의 관측소와 435개 지점의 무인 자동기상관측장비, 5개의 해양부이, 2개 지점의 등표탑재 기상장비, 1척의 기상관측선을 운영하고 있다. 89개 관측소는 지상기상 관측, 고층관측, 레이더 관측, 항공관측, 지진관측업무를 수행하고 있으며, 위성자료 수신을 위해 기상위성수신분석시스템과 소형위성수신기를 운영하고 있다.

(1) 지상관측

전국 기상관측소에서 자동기상관측장비를 이용하여 기압, 기온, 풍향, 풍속, 습도, 강수량, 강우유무, 일사량, 일조시간, 지면온도, 초상온도 (11개 요소 자동 관측) 및 시정, 운량, 운형, 증발량(4개 요소 수동관측) 등을 관측한다. 또, 산악지역이나 섬처럼 사람이 관측하기 어려운 곳에 무인관측소를 설치하여 집중호우, 우박, 뇌우, 돌풍 등과 같은 국지적 기상 현상을 실시간으로 감시한다.

(2) 고층관측

지상에서 30km 이상 상공의 기압, 기온, 습도, 풍향, 풍속을 하루 2회(오전 9시, 오후 9시) 관측한다.

(3) 위성관측

기상위성수신분석시스템을 두고 정지기상위성(GMS-5, Meteosat-5, FY-2B), 극궤도기상위성(NOAA), 지구관측위성(Terra, Aqua)에서 관측한 자료를 수신하여 구름의 분포와 이동, 층별 운량, 휘도 온도, 대기연직구조, 해수면온도, 해상풍속, 황사역, 강수강도, 해무 등을 분석한다.

(4) 기상레이더관측

기상레이더를 설치하여 호우, 우박, 낙뢰 등 돌발적인 기상현상과 태풍 등을 추적한다. 관측한 영상자료를 10분마다 전국에 제공한다.

(5) 해상관측

관측 자료를 얻기 어려운 해상의 기상상태를 측정하는 기상관측시스템으로 풍향, 풍속, 기온, 습도, 수온, 기압, 파고 등을 측정한다.

2-7-6 일기도 그리는 법

라디오 스위치를 켜, 일기예보를 들으면 제일 먼저 들리는 것이 현재 전국의 기상 개황이다. 고기압, 저기압의 중심위치, 진행방향, 진행속도, 전선의 종류 및 위치, 우리나라 부근을 지나고 있는 등압선의 크기와 통과지점 등을 방송한다. 그리고 각 지방의 일기예보와 각 해상 및 해양기상부이로봇(buoy robot)의 풍향, 풍속, 일기, 기압을 말한다. 다음으로 각 지방의 일기실황이라 하여 우리나라를 중심으로 일본과 중국 대륙, 대만, 태평양 상의 섬 등 각 지방의 풍향, 풍속, 기압, 기온, 일기 등을 방송한다. 마지막 어업기상에서는 태풍, 저기압과 고기압의 위치, 중심기압, 진행방향과 속도, 태풍이나 강한 저기압의 24시간 후 예상위치와 그 오차범위를 표시하는 예보원(豫報圓)의 반지름, 전선과 특정 등압선이 지나가는 지점 등이 방송된다. 그러면 이러한 정보로부터 어떻게 일기도를 작성하는지에 대해 알아보자.

일기도는 각 지점의 일기, 기상요소, 기타 대기의 상태를 나타내는 각종 물리량을 일기기호나 숫자로 기입하는데, 이때 기입방식도 일정한 약속이 있어 이를 일기도 기입형식이라 한다. 일기기호 및 일기도 기입형식에는 국제식과 한국식이 있다. 국제식은 세계기상기구가 제정한 것으로 세계 공통의 일기 표시 방법이다. 보통, 기상청과 같은 전문기관에서 사용하고, 선박이나 항공기 등에서 사용하는 모사전송(팩시밀리)의 일기도에도 쓰인다. 한국식은 라디오 기상통보로 국내 일반인들이 만드는 일기도나 기상청이 일반용으로 내보내는 속보 일기도, 신문일기도 등에 쓰인다.

일기 방송에서 발표되는 지점(관측소의 위치)은 매일 일정하므로, 그리고자 하는 지도상에 잘 기억해야 한다. 방송 전, 일기도 용지인 지도를 준비하고 관측 지점을 미리 조그맣게 동그라미를 해 둔다. 이어서, 방송되는 지점 위에다 순서대로 풍향, 풍속, 일기, 기압, 기온을 기입하고, 기상개황의 고, 저기압의 중심기압, 진행방향, 속도, 전선위치, 등압선 통과지점 등을 지도상에 표시한다.

(1) 풍향, 풍속 표시

그러면 서풍, 풍속 10m/s 이것은 어떤 식으로 그려 넣으면 좋을까. 우선 바람의 방향을 나타내는 방향으로 선을 긋는다(그림 2-7-3). 예를

기호	◎									4
풍속 (m/s)	고요	1	2	5	7	10	12	25	27	북서풍 12m/s

〈그림 2-7-3〉 풍속 기호

들면, 서풍이라면 서쪽으로 향해서 선을 긋는다. 북서풍이라면 45° 북쪽으로 치우쳐서 선을 긋는다. 풍속 표시는 바람 방향을 나타내는 선에 화살표 날개와 같이 약간 경사진 선을 그려 넣는다. 풍속 10m/s는 2개의 날개를 그려 넣으면 좋다. 날개 중 긴 것이 있고 짧은 것이 있는데, 짧은 것은 5노트, 긴 것은 10노트에 해당한다. 노트(knot) 란 속도를 나타내는 단위로, 1노트는 1시간에 1마일의 속도를 나타낸다. 따라서 1마일이 1,609km 이므로 1노트는 약 0.51m/s에 해당한다. 대략, 5노트는 2.5m/s, 10노트는 5m/s, 20노트는 10m/s이다. 풍속이 거의 0m/s나, 바람이 작다는 표현을 할 때는 이중 동그라미로 표현한다. 풍속이 50노트(약 25m/s)일 때는, 긴선 5개를 그려 넣는 대신 깃발 모양의 두꺼운 날개 선 하나를 그려 넣는다. 풍속이란 그 시각 전 10분간의 평균 풍속을 말한다.

(2) 일기 표시

풍향과 풍속이 방송된 다음, 맑음, 흐림과 같은 구름양과 비, 눈 등의 일기 정보가 계속된다. 이것들은 어떻게 그려 넣으면 좋을까. 일기는 〈그림 2-7-4〉와 같은 기호로 표시한다. 맑음에도 종류가 있다. 하늘을 쳐다보면, 흐림인지 맑음인지 판단이 잘 서지 않을 때가 있다. 하늘 전체를 10이라 하고, 하늘에 끼어 있는 구름의 양이 1 이하일 때는 맑음, 2~8일 때는 갬, 9 이상일 때는 흐림이라 정하고 있다. 실제로 관

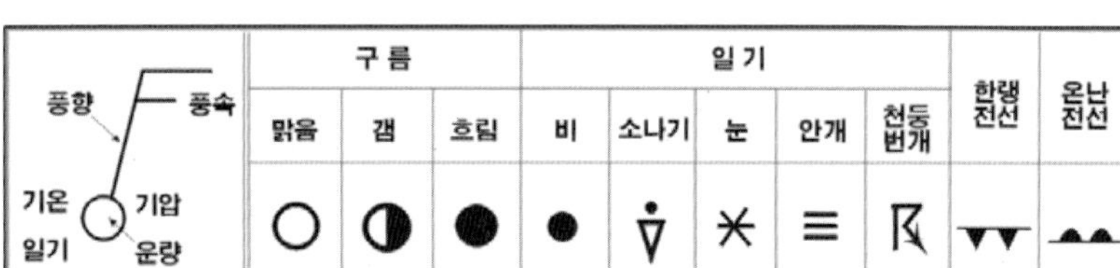

〈그림 2-7-4〉 일기 기호

측해서, 구름양을 판단하는 것은 인간이다. 맑은지 흐린지를 판단하는 것은 인간의 눈만으로 판단한다.

(3) 기압, 기온 표시

일기정보 뒤이어 20℃, 12hPa과 같은 기온, 기압이 방송된다. 기온은 그대로 쓰면 되는데, 기압은 대부분 아래 두 자리 숫자밖에 방송하지 않는 경우가 많다. 이 12hPa의 숫자는 읽는 시간을 생략하기 위해 1,000이 생략되어 있다. 998hPa일 때는 98hPa로 방송된다. 이 경우는 세 자리 수 그대로 기입한다. 이 hPa (헥토파스칼)은 1992년에 지금까지의 mb(밀리바)단위가 개정된 것이다. 1hPa = 1mb이다. 특별히 복잡한 것은 없다. 이 hPa 단위는, 기압의 존재를 최초로 발견한 프랑스 과학자 파스칼을 기려서, 국제간 공통적으로 사용하는 기압 단위이다.

(4) 등압선 그리기

등압선은 부드럽게 그리는 훈련이 필요하다. 방송에 12hPa 등압선이 통과하는 곳은 어느 위치라고 나온다. 보통 4hPa 간격으로, 동일 기압 장소를 선으로 연결하여 등압선을 그린다. 그러나 지역에 따라서는 관측 자료가 없는 경우도 있다. 이러한 곳은 각 지점기압의 수치에서 안분(按分)하여 지형도의 등고선을 긋는 것과 매우 비슷한 요령으로 눈짐작으로 그린다. 이 때, 눈의 척도가 되는 것은 바람 방향과 세기이다. 바람은 기압이 높은 장소에서 낮은 장소로 불기 때문에, 바람 방향을 알면 등압선의 방향도 알 수 있다. 그러나 실제 관측되는 바람은 지형의 영향에 의해 이런 관계가 벗어나는 경우가 있으므로, 지나치게 세부적인 것에 구애받지 말고 기압분포의 대세를 나타내는 것을 목적으로 대담하게 그린다. 또, 바람이 강한 곳은 등압선의 간격이 좁아진다. 반면, 바람이 약하면 등압선의 간격은 넓어진다. 따라서 등압선은 기체의 연속성과 고기압, 저기압의 특성에 모순되지 않도록 그린다.

등압선을 그릴 때, 종종 일기도의 가장자리에서 등압선이 잘리는 경우가 있는데, 그 경우를 제외하고는 등압선은 반드시 연결시킨다. 또 등압선이 교차하거나, 가지를 쳐서도 안 된다. 등압선은 기본적으로 부드러운 선으로 그려지므로, 들쑥날쑥이 없고, 울퉁불퉁하지 않아야 한다.

(5) 전선 그리기

마지막에 전선을 그려 넣는다. 한랭전선, 온난전선 등이 어디서 발생하여 어디까지 발달해 있는가가 방송된다. 이것을 참고로 선을 긋는다. 풍향을 보고, 바람 방향이 급변하는 장소나 기압이 급변하는 곳에 전선이 형성되는 경우가 많다. 전선을 모두 기입하고 나면 일기도는 완성이다. 내손으로 만든 일기도는 다음날 신문에 실린다. 내가 그린 것과 비교해보자.

2-7-7 일기도로 대기의 상태를 예측한다

일기도가 완성되었다면, 이 그림에서 현재의 대기 상태를 생각해 보자. 대기 상태가 파악되면, 지금부터 일어날 일기 변화를 예측할 수 있다. 일기도는 가능하면 1장뿐만 아니라, 연속해서 읽는 편이 좋다. 등산이나 하이킹 등, 아웃도어를 위해 앞으로의 일기를 예측하고 싶다면, 1주일 정도 연속한 일기도를 보고, 대기의 상태나 일기 변화가 어떻게 일어날지를 파악해야 한다.

1주일 간격으로 연속된 일기도를 본다면, 눈에 띄는 것이 있다. 일기가 서쪽에서 동쪽으로 변하는 것이다. 이것은 우리나라 상공에 편서풍, 그 가운데 강한 제트 기류가 동쪽을 향해 흐르고 있기 때문이다.

따라서 저기압이나 고기압, 전선 등이 어느 정도의 속도와 상태로 동쪽으로 움직이는가를 보면, 지금부터 일어날 일기변화가 예상된다. 물론, 현재 일기가 어떤 원인에 일어나고 있는가도 파악된다. 비가 내리고 있다면 이 비는 저기압 통과에 의한 것인지, 주위에 한랭전선이 있기 때문인지, 적란운이 발달했기 때문인지 등으로 일기 변화를 예측할 수 있다. 또, 비가 내리기 쉬운 날씨 혹은 바람 불기 쉬운 날씨라든가 하는 것도 알 수 있다. 일기도를 읽을 수 있다면 신문이나 TV의 일기예보 프로그램을 보는 것도 재미있을 것이다.

2-7-8 일기도 보는 법

일기도를 보는 일반적인 방법은 다음과 같다.

(1) 작은 원으로 표시된 각 지점의 날씨는 기호로 표시되어 있어, 먼저 날씨기호를 파악한다.

(2) 각 지점에서 그어진 직선과 끝 날개 선을 보고 바람 방향과 풍속을 파악한다. 예를 들어, 풍향선이 북쪽에 있으면 북풍이다.

(3) 지상의 바람은 고기압에서 불어 나가고, 저기압으로 불어 들어오므로, 등압선만 보면 개략적인 풍향을 알 수 있다. 바람은 〈그림 2-7-5〉와 같이 북반구에서는 고기압을 오른쪽, 저기압을 왼쪽으로 보는 형태로 기압이 높은 곳에서 낮은 곳으로 향해, 등압선을 일정 각도(육상은 30~40°, 해상은 15~30°)로 가로질러 분다. 바이스-밸러트(Buys-Ballot)법칙이란 것이 있는데, 이것은 북반구에서 바람을 등지고 왼팔을 수평으로 들면, 약간 경사진 전방에 저기압이나 태풍의 중심이 있다는 것으로 해상의 선박운용 시 자주 이용한다(그림 2-7-6). 등압선이 밀집되어 있는 곳일수록 기압경도가 크며 바람이 강하다.

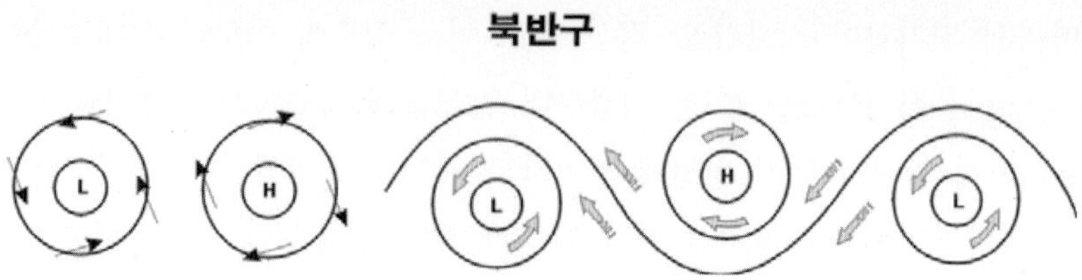

〈그림 2-7-5〉 북반구 저기압, 고기압에서의 바람방향

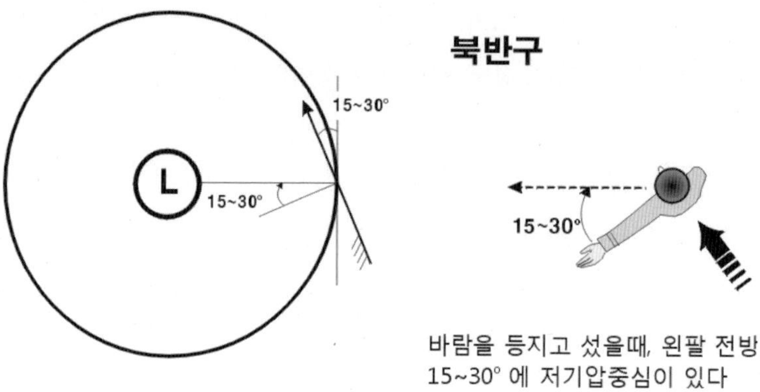

〈그림 2-7-6〉 바이스-밸러트 법칙

(4) 일기도에는 기호를 붙인 전선이 그려져 있다. 전선 부근은 일반적으로 날씨가 나쁘므로 주의를 기울인다.

(5) 등압선의 중심에는 각각 H(고)나 L(저)과 같은 약자가 표시되어 있다. 일반적으로 고기압성 기압배치는 고기압이나 기압마루에서 바람이 불어나가(발산기류) 하강기류가 탁월하여 맑은 하늘이 되기 쉽다. 저기압성 기압배치는 저기압과 기압골에서 바람이 불어 들어와(수렴기류) 상승기류가 탁월해지고 강수현상이 일어나 날씨가 나빠지기 쉽다.

(6) 국제적 일기도는 작은 원 안에 운량을 나타내는 기호가 표시되어 있고, 날씨는 그 왼쪽에 기입되어 있다.

2-7-9 일기도가 만들어지는 과정

실제 신문이나 TV의 일기예보 그림은 컴퓨터와 인간이 만든다. 현재는 다양한 측후소에서 보내오는 기상에 관한 데이터를 기본으로 자동화된 컴퓨터로 일기도를 작성하고, 지형 등을 고려해 가면서 세밀한 점을 인간이 수정해 간다. 전국의 기상대나 측후소에서 1~6시간 간격의 기압, 기온, 풍향, 풍속 등의 기상정보가 수집되어 보내진다. 또, 상공의 기상상태를 관측하는 라디오존데, 항공기, 주 1회 고도 6km까지 쏘아 올리는 기상 관측용 로봇에서 기상 정보가 보내어져 온다. 해상에 떠있는 해양 기상관측 부이나, 기상관측선, 일반 선박으로부터도 기상에 관한 정보가 보내져 온다. 또, 우리나라뿐만 아니라, 세계 각국의 기상 정보도 함께 공유하고 우리나라도 세계에 정보를 제공한다. 이러한 정보뿐만 아니라, 지역 기상 관측 시스템에 의한 강수량, 기상 레이

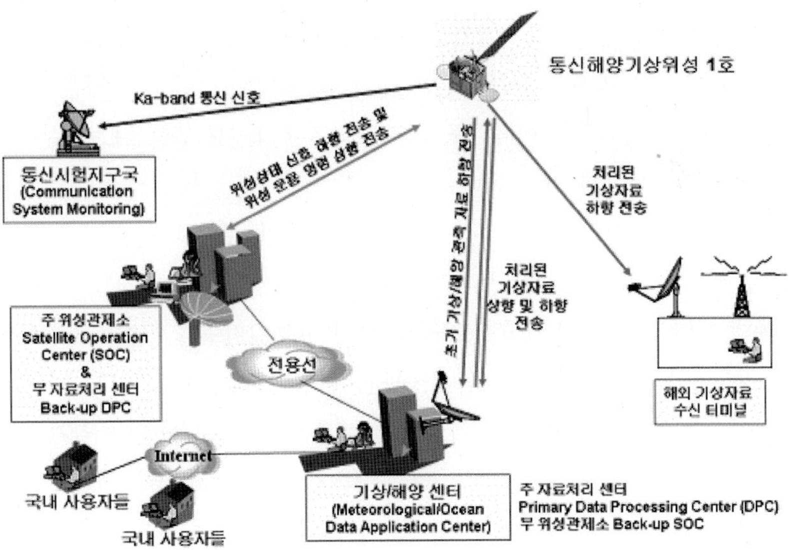

〈그림 2-7-7〉 기상위성 관측데이터 처리 과정(한국항공우주연구원)

더, 기상위성 등의 정보가 각종 루트를 타고 모여든다. 이러한 모든 정보는 자동정보 편집중계 장치에 모아진다. 데이터는 자동적으로 컴퓨터에 저장되고, 이 데이터로 TV나 신문에서 자주 보는 지상 일기도나, 상공의 기상 상태를 나타내는 고공 일기도가 작성된다. 옛날에는 사람 손에 의존하였으나 현재는 대부분 컴퓨터가 작성하고, 최종 판단을 인간이 내린다(그림 2-7-7).

2-7-10 일기예보

일기도는 분석 범위에 따라서 극동, 아세아태평양, 북반구, 국지 일기도 등으로 구분된다.

고기압, 저기압, 전선 등은 일반적으로 하루에 1000km 정도를 이동하므로 극동일기도는 24～48시간 예보에 사용한다. 북반구일기도는 주간예보, 아시아태평양일기도는 태풍추적이나 태평양 상의 선박에 대한 해상경보에 쓰인다. 국지일기도는 전국 자동기상 관측망의 관측 값을 사용해, 중부지방이나 서울 주변 등의 좁은 범위에 규모가 작은 고기압, 저기압 등의 움직임을 포착하여 뇌우나 집중호우를 예보하는 데 사용한다.

또 목적에 따라 짧은 시간 간격으로 세밀한 분석을 하는 태풍일기도, 뇌우일기도, 지상 부근의 기상요소만을 기입한 지상일기도, 라디오존데 등에 의한 고층기상 정보를 기입한 고층일기도가 있다. 고층일기도는 매일의 일기예보 작업과 항공기 운행에 직접 이용된다. 최근은 정지기상위성이나 궤도기상위성에서 촬영한 구름분포사진이 일기예보에 많이 사용된다.

일기도에는 장기예보나 계절변화를 보기 위한 평균일기도가 있고, 공간적인 작은 교란을 없앤 공간 평균일기도와 시간적인 작은 변동을 없앤 시간평균일기도가 있다. 시간평균일기도의 종류는 5일, 10일, 1개월, 3개월, 1년 평균 일기도가 있다.

일기예보에 가장 많이 이용되는 것은 지상 및 상층 일기도이다. 일기예보는 유사한 일기 패턴에는 유사한 날씨분포가 대응되어 있다는 사실에 근거한다. 따라서 날씨를 예보하기 위해서는 앞으로의 일기도를 예상해야 한다. 보통 ① 고기압, 저기압, 기압골 등의 이동을 추적하여 그 위치를 예상하고 ② 고기압, 저기압의 발달 및 쇠약을 예상하고 ③ 계절에 따른 날씨 변화 특징(날씨변화 주기, 지속성 등) 등을 주목하여 앞으로의 날씨를 판단한다.

각지의 기상대나 측후소의 기상 정보, 상공의 라디오존대나 기상위성 자료 등은 기상청의 자동정보 편집중계 장치에 모여지고, 컴퓨터에 의해 일기도가 작성된다. 일기도가 만들어진 후, 그 일기도를 기상위성의 위성사진이나 기상 레이더의 기상사진과 대조해 본다. 또한 작성된 일기도로부터 지상~상공의 대기 입체구조를 파악한 후, 최종 일기를 예보한다. 이전의 일기예보는 일기도나 기상 데이터를 기본으로, 기상청 예보관의 풍부한 경험이 중심이 되었다. 그러나 현재는 대기물리학을 이용해, 대기의 흐름이나 기온, 수증기 등의 변화를 계산하여 미래의 대기 상태를 예측하는 수치예보가 주류이다. 이것은 엄청난 계산을 순식간에 할 수 있는 컴퓨터의 등장에 의해 가능해졌다.

그러나 아무리 컴퓨터에 의한 수치계산 기술이 발달했더라도, 데이터에 빠진 작은 산맥이 있거나, 측정 결과가 적다면 컴퓨터는 일기 예보의 정확도를 떨어뜨린다. 일기예보를 하더라도 오차가 커진다. 최종 일기 판단은 역시 미묘한 사람의 손놀림이 첨가되어 경험이 풍부한 예보관이 하게 된다.

2-7-11 기상청에서 하는 일

기상청은 기상에 관한 자료를 수집하고 일기도를 그리고 예보하는 것이 기상청의 일이다.
대기 상태를 파악하기 위해 기상청이 하고 있는 기상 관측의 종류는, 실시하는 장소에 따라 ① 지상기상관측: 84개의 기상대 및 관측소 등에서 지상기상관측 실시 ② 해상기상관측: 등대에서의 위탁기상관측 및 해상 부이(부표) 관측, 선박에서의 기상관측자료 수집에 의한 해상기상상태 및 해상상태 파악 ③ 산악기상관측: 대관령기상대 관측에 의한 산악기상 특성 파악 및 필요시 고산지대 산장 및 군부대 요청 ④ 고층기상관측: 포항, 제주에서 1일 4회 고층기상관측 실시 등이 있다.

원격탐사법으로는 ① 위성기상관측: 서울, 대전, 강릉, 광주, 부산 및 제주에 위성수신장비를 설치하여 1시간마다 위성사진을 수신 ② 레이더 기상관측: 관악산, 동해, 군산, 부산, 제주에 도플러 레이더(doppler radar)를 설치, 비구름의 분포 및 강도, 이동방향 등을 파악 등이 있다.
또, 전국에 설치한 400 여대의 자동기상관측장비(Automatic Weather System)로 자동기상관측을 실시하여 소규모 돌발성 기상을 감시하고 있다. 기상청은 이러한 공식 기상관측에 의한 측정 자료를 바탕으로 일반인에게 일기예보나 기상에 관한 주의보와 경보, 지진이나 화산에 의한 쓰나미 경보 등을 발령하며, 그 외 기상연구소를 설치해 기상업무에 관한 다양한 연구도 한다.

2-7-12 경보와 주의보

경보도 주의보도 모두 기상청에서 발표한다. 둘 다 기상재해가 일어날 가능성이 있을 때, 기상청이 주의를 환기시키거나 경고하기 위한 것으로 '기상특보'라고 한다. 어떠한 기상현상이 강화되어 주의를 요할 경우 주의보를 먼저 발령하고, 이후 더욱 주의의 필요성이 요구될 때 경보를 발령한다. 종류로는 홍수주의보(12시간 강우량이 80mm 이상 예상될 때)나 태풍경보(태풍으로 인하여 풍속이 17m/s 이상, 또는 강우량이 100mm 이상 예상될 때), 대설경보(24시간 신적설이 20cm 이상 예상될 때. 다만, 산지(山地)는 24시간 신적설이 30cm 이상 예상될 때) 등이 있다. 이것은 비나 바람의 세기, 강우량, 적설량 등이 일정수치를 넘었다고 예상될 때 발표되는데, 기준이 되는 수치는 지역에 따라 다소 차이가 있다.

우리나라 기상청은 정규예보 외에 갑작스런 기상변화가 예상되거나, 국민들에게 더욱 상세하게 날씨변화를 알려 줄 필요성이 있을 때 기상정보를 발표하고, 악 기상 발생이 예상될 때 기상특보를 발표한다. 기상청은 기상특보 발표에 앞서 특보의 종류, 예상구역, 예상일시 및 내용 등의 정보를 미리 알려주는 예비특보를 발표하는데, 예비특보는 기상특보가 발표되기 수 시간 전 발표한다.

2-8 기상레이더와 기상위성

2-8-1 기상 레이더

레이더란, 전파를 어느 방향을 향해 쏘아 어떤 물체에 부딪쳐 반사해 되돌아오는 성질을 이용하는 것이다. 물방울 또는 빙정으로 구성된 비, 눈, 구름 등은 전파를 반사하므로 이들의 집합체인 태풍, 뇌우, 전선 등의 기상현상은 레이더를 이용하면 탐지할 수 있다. 즉, 전파를 비의 물방울에 부딪치게 하여 그 반사파(에코)의 상태에 의해 어떠한 비인지, 어떤 구름인지 그리고 어느 정도 세기의 비가 내리고 있는지 알 수 있다.

또, 전국에 설치된 레이더로부터의 관측 결과를 수집하여 레이더 반사파의 합성도를 만들어 넓은 범위의 상황을 동시에 파악할 수 있다. 이때, 각각의 레이더 정보가 신속하게 제공되도록, 지상의 지형 영향을 제거하고 정보를 수치화하여 컴퓨터에 입력한다. 실제 TV의 일기예보 프로그램에 이용 될 때는, 지상 관측소에서 측정된 실제 내린 비의 양과 반사파를 합성한 레이더에 의한 강우량의 합성된 그림이 이용된다.

기상레이더는 탐지하는 대상에 따라

(1) 레이더우량계

비(눈)가 오는 지역에 전파를 발사하고 반사파를 수신하여 비(눈)의 강도를 감지하고 이를 토대로 지상의 우량계와 연계하여 그 양을 측정한다.

(2) 도플러 기상레이더

특정 주파수를 가진 마이크로파를 관측하고자 하는 목표물(강수입자)에 발사한 후, 목표물에 부딪혀 되돌아온 반사파의 주파수가 그 목표물의 이동에 의해 처음 주파수로부터 변화된 정도(도플러효과)를 분석하여 목표물들이 레이더를 기준으로 접근하는지 또는 멀어지는지를 관측한다.

기상레이더의 전파는 직진성이 있어 안테나와 대상목표 사이에 장애물이 없어야 하므로 기상레이더의 설치 장소는 주변에 장애물이 없는 곳에 설치된다. 우리나라 기상청은 현재 서울 관악산, 인천 백령도, 인천 영종도, 강원 화천 광덕산, 전북 군산 오성산, 부산 구덕산, 전남 진도, 제주 성산과 고산, 경북 청송 면봉산 및 강원 강릉시(그림 2-8-1) 등 전국 12개소에 기상레이더를 설치하고 있으며, 점차 설치 장소를 늘려가고 있다. 관악산에 설치된 기상레이더는 탐지거리 400km, 파장 10㎝인 마이크로파를 사용하며, 탐지된 영상은 기상청에서 동시에 볼 수 있다.

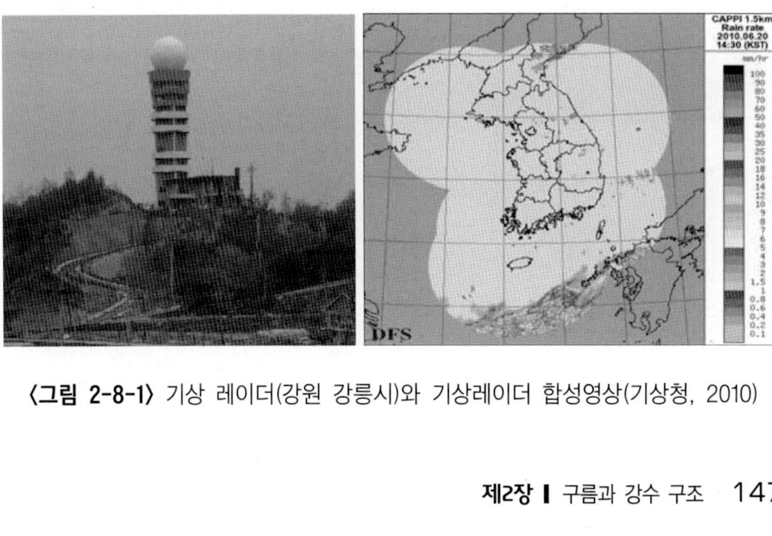

〈그림 2-8-1〉 기상 레이더(강원 강릉시)와 기상레이더 합성영상(기상청, 2010)

기상레이더는 강우의 변동성과 집중성이 강한 내륙의 고지대에 설치되어, 구름 아래 비의 양을 연속적으로 관측함으로써 돌발적, 지역적으로 발생하는 강우를 보다 정확히 파악할 수 있다. 또, 지역 기상정보를 활용한 국지적 강우를 선행 예보할 수 있어, 폭우로 인한 홍수피해를 최소화할 수 있다.

2-8-2 기상위성의 역할

〈그림 2-8-2〉는 기상위성과 기상위성이 우주 공간에서 지구를 촬영하여 보내온 영상이다. 우리나라를 덮고 있는 구름이 확실히 나타난다. 기상위성은 지구의 기상상태를 관측하기 위해 지구표면(구름분포, 지표나 해면온도)의 영상을 찍어 기상관련 데이터 수집을 목적으로 하는 지구관측위성의 일종으로, 산속 무인관측소나 항공기, 선박, 해상의 부이자료, 지상국에서 모은 기상자료들을 멀리 떨어진 장소에 보내는 역할도 한다.

기상위성은 궤도에 따라 극궤도위성과 정지궤도위성으로 구분된다. 대부분의 극궤도위성(NOAA, LANDSAT, NIMBUS)은 궤도면이 지구 적도면에 대해 약 98~100°정도 기울어져 있고, 약 800~900km 상공

〈그림 2-8-2〉 기상위성과 기상위성자료 영상(MTSAT-1R, 기상청, 2005)

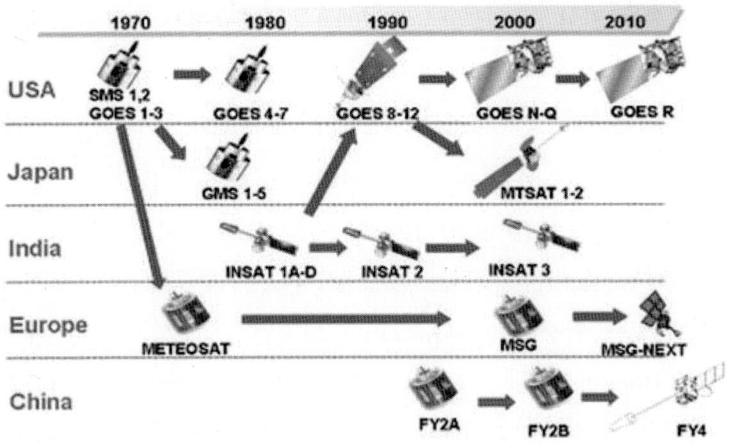

〈그림 2-8-3〉 정지궤도 위성의 종류(미국 GOES 위성의 기술을 바탕으로 각국이 개발)

에서 100분 내외의 주기로 회전하면서 지구를 관측한다. 이러한 위성들은 궤도를 일정하게 유지하여 지역마다 거의 동일한 시각에 자료를 수집한다. 정지궤도위성은 적도 상공의 약 36,000km 고도에 있으며 지구의 자전 속도와 같은 속도로 움직여 지표면의 동일한 부분을 관측한다. 지구자전 속도와 같이 회전하므로 지상에서는 정지해 있는 것처럼 보인다. 한반도 주변에는 동경 140° 적도 상공에 떠 있는 일본의 MTSAT위성이 있고, 그 외 미국의 GOES, 유럽의 METEOSAT, 러시아의 ELEKTRO, 인도의 INSAT 등이 있다. 최근 중국도 FY(風雲)기상위성을 쏘아 올렸다(그림 2-8-3).

기상위성은 시·공간적으로 정밀한 구름 영상자료를 실시간으로 제공하기 때문에 국지적으로 급격히 발달하는 소규모 기상현상에서부터 전 지구적으로 나타나는 광범위한 기상현상까지 모두 탐지할 수 있는 장비다. 첨단 과학기술의 발달에 따라, 기상위성으로 관측한 자료의 정확도와 신뢰도가 점차 높아지고 있으며, 그 결과 기상위성에서 관측한 각종 자료는 기상예보와 연구 분야에 매우 중요하게 활용되고 있다.

2-8-3 우리나라의 정지궤도위성 천리안

우리나라는 지금까지 독자적 기상위성을 발사시키지 못해 일본의 MTSAT-1R, 미국의 GOES-9, 중국의 FY-2 등의 정지궤도위성과 미국 NOAA 의 Aqua, Terra 극궤도위성에서 관측한 자료를 수신, 분석하여 예보업무 등에 활용하고 있다. 그러나 2010년 6월 27일에 자체 개발된 COMS(Communication, Ocean & Meteorological Satellite) 기상관측 위성인 '천리안'을 발사하였다(그림 2-8-4). 이로써 우리나라도 정지궤도 통신기상위성을 자체 개발하여 궤도에 올린 세계 10번째 국가가 되었다.

이 천리안위성은 무게 2.5t의 중형급으로 동경 128.2°, 적도 36,000km 상공에 위치하는 정지궤도위성이다. 기상 관측과 해양 관측, 위성통신의 세 가지 임무를 수행하며, 기상 관측의 경우, 전 지구는 3시간 간격, 동아시아 지역은 15분 간격으로 관측할 수 있다. 1개의 가시광선

〈그림 2-8-4〉 2010.6.27 발사된 천리안위성

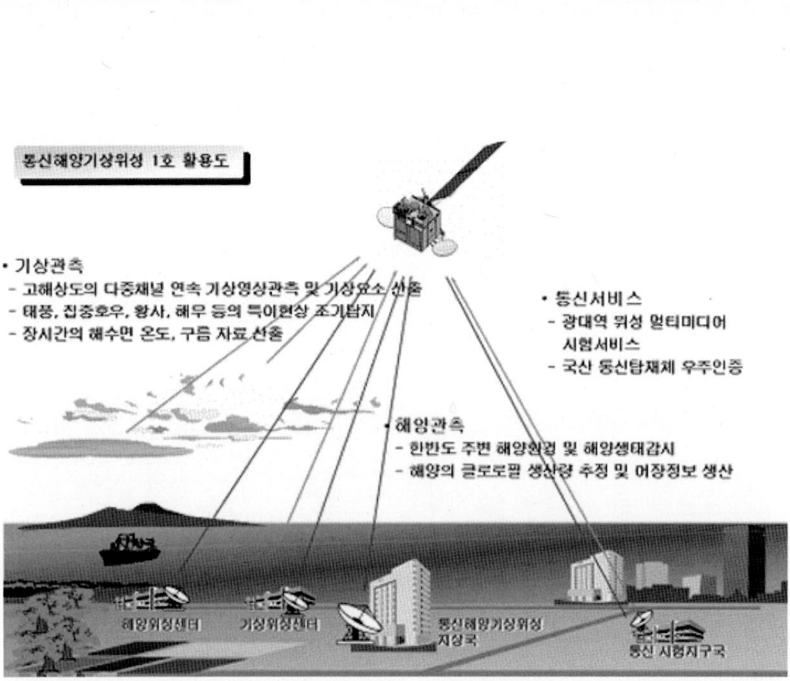

〈그림 2-8-5〉 천리안위성의 활용도(한국항공우주연구원, 2010)

관측채널과 3개의 적외선 관측채널이 있어 24시간 기상관측 수행능력이 있고, 15분 이내의 주기(한반도 주변 8분)로 한반도 및 동북아시아 지역을 관측할 수 있어 과거 30분 단위의 외국 위성자료를 수신할 때보다 4배 이상의 감시 능력이 있다. 따라서 산악지대가 많고 3면이 바다인 한반도의 기후 특성을 충분히 고려한 기상관측과 집중호우, 태풍, 낙뢰 등의 위험기상을 조기에 탐지할 수 있다(그림 2-8-5).

제3장
바람이 부는 구조

3-1 바람

바람이 공기의 흐름이라는 것은 안다. 약간의 공기는 선풍기로도 움직일 수 있다. 우리나라는 여름에 많은 태풍이 온다. 우산이나 기와장이 날아가고, 집이 무너지고 나무가 뿌리째 뽑힐 정도의 그 강한 바람은 왜 일어나고 어디서 불어오는 것일까. 중국의 제갈 양은 하늘에 기도하여 북서풍을 남동풍으로 바꾸어 불게 해, 불리한 전쟁을 승리로 이끌었다는 고사도 있다. 풍향이 바뀌는 것은 이해되나, 하늘에 제사지내면 효과가 있다는 것에 대해서는 아무래도 믿을 수 없다. 짐작되는 것은 제갈 양이 바람의 일변화에 의한 해륙풍이나, 계절풍의 구조와 같은 풍계의 변화를 잘 알아, 그것을 이용하지 않았을까 하는 것이다. 여기서는 바람이 부는 구조에 대해 살펴보자.

3-1-1 공기가 움직이면 바람이 일어난다

추운겨울 난방이 된 따뜻한 방의 창문을 열면 차가운 바람이 방안으로 들어온다. 또, 한여름 실내에 에어컨을 켜놓고 에어컨의 바람방향을 위쪽으로 설정해 두더라도, 찬바람은 벽을 타고 방바닥 아래에 자고 있는 사람에게 직접 내려오게 된다. 밖에서 부는 바람은 규모가 크고, 부는 원인이나 장소가 일정하지 않더라도, 우리 주변에 매일 불고 있다. 바깥에서 부는 바람도, 냉방도 난방도 모두 따뜻한 공기와 찬 공기가 서로 혼합하려 하여 공기가 움직인 결과이다. 바람이 부는 것은 공기의 온도, 나아가 공기의 채워짐의 정도인 밀도가 관계하고 있다.

3-1-2 바람이란

운동하고 있는 공기를 바람이라 한다. 일반적으로 수평방향의 흐름을 지칭하는 경우가 많고, 고도가 높아지면 지표면 마찰의 영향이 작아져 바람이 강해진다. 바람은 일반적으로 지표면 10m 높이에서 관측된 것을 기준으로, 풍향과 풍속으로 나타낸다.

3-1-3 북풍이란 어디에서 어디로 가는가

바람방향(풍향)은 북풍이나 남풍과 같이 방위를 붙여 표현한다. 그러면 북풍은 어디에서 어디로 향하는 바람을 말하는가. 이것은 의외로

〈그림 3-1-1〉 풍향의 16방위

오해하는 사람이 많다. 북풍은 북에서 남으로 부는 바람을 말하고, 북쪽을 향하여 부는 바람이 아니다. 참고로, 조류나 해류 같은 물이 흐르는 방향은 바람의 경우와 반대이다. 북류라고 하면 해류가 북쪽을 향해 흘러가는 것을 말한다. 풍향은 동서남북의 중간 방위를 더한 여덟 방위로 표시하고, 한 번 더 그 중간 방위를 더해서 16방위를 사용한다(그림 3-1-1).

3-1-4 바람의 세기

바람의 세기는 풍속 혹은 풍력이라 하고 숫자로 표시한다. 풍속은 보통 ① 평균풍속: 10분간의 평균치로 나타낸다. 공기가 1초 동안 움직이는 거리를 m/s, 또는 1시간에 움직인 거리를 마일(mile)로 표시한 노트(kt)로 나타낸다. ② 순간풍속: 풍속은 항상 변동하므로, 어느 특정 순간에 측정한 속도를 말한다. ③ 최대풍속: 관측기간 중, 10분 간격의 평균풍속 가운데 최대치를 말한다. ④ 순간최대풍속: 관측기간 중, 순간풍속의 최대치를 말한다.

풍속은 변동이 심한 순간풍속의 연속으로, 10분 평균풍속의 최대치인 최대풍속보다 순간최대풍속이 더 크다. 순간최대풍속은 대략 최대풍속의 1.5배(순간최대풍속≒1.5×최대풍속)이다. 예를 들어, 태풍의 최대풍속이 40m/s이면 그 주변의 순간최대풍속은 60cm/s에 달한다.

해상에서는 풍속 대신에 풍력이라는 것을 많이 쓴다. 풍력은 0~32.7m/sec의 풍속을 12단계로 나눈 뷰포트 계급을 사용한다. 이 풍력계급은 1805년 영국 해군 뷰포트가 범선이 받는 힘을 12단계로 나눈 것으로, 1947년 세계기상기구에서 공식 지정되었다. 현재 우리나라에서도 세계 공통의 뷰포트 풍력계급을 쓰고 있다(표 3-1-1). 풍력 8, 풍속 17.2m/s 이상의 열대성 저기압에 의한 바람을 동북아시아에서는 열대성 폭풍(태풍)이라 하며, 국제적으로는 풍력 12, 풍속 32.7m/s 이상 되는 격렬한 폭풍을 태풍 혹은 허리케인이라 한다.

〈표 3-1-1〉 뷰포트 풍력계급

뷰포트수	풍속 (m/s)	바람 (노트; knot)	대지의 상태
0	0.0~0.2	Clam: 고요 (<1)	연기가 수직으로 올라감
1	0.3~1.5	Light air: 실바람 (1~3)	연기가 움직임. 풍향계 정지
2	1.6~3.3	Light breeze: 남실바람 (4~7)	나뭇잎이 소리 냄
3	3.4~5.4	Gentle breeze: 산들바람 (8~12)	가벼운 깃발이 흔들림
4	5.5~7.9	Moderate breeze: 건들바람 (13~18)	먼지와 휴지조각이 날림
5	8.0~10.7	Fresh breeze: 흔들바람 (19~24)	작은나무가 흔들림
6	10.8~13.8	Strong breeze: 된바람 (25~31)	큰가지가 흔들림
7	13.9~17.1	Moderate gale: 센바람 (32~38)	전체나무가 흔들림
8	17.2~20.7	Gale: 큰바람 (39~46)	나무의 잔가지가 부러짐
9	20.8~24.4	Strong gale: 큰센바람 (47~54)	기와가 날아감
10	24.5~28.4	Whole gale: 노대바람 (55~63)	나무뿌리가 뽑힘
11	28.5~32.6	Violent storm: 왕바람 (64~72)	걷기가 힘 듬
12	32.7~	Hurricane: 싹쓸바람 (> 73)	태풍으로 시가지 피해가 남

3-1-5 돌풍

바람은 항상 일정하게 불지 않고 강해졌다 약해졌다 한다. 이것을 바람의 숨(gustiness)이라 한다. 이 바람의 숨이 갑자기 강해지거나 약해지는 바람을 돌풍(gust)이라 한다. 바람의 숨이 클 경우, 갑자기 10m/s, 때로는 30m/s를 넘는 강풍이 불기 시작하여, 수 분, 혹은 수십분 내에 급히 약해지는 현상이 돌풍이다. 돌풍이 생기는 원인은 ①지표면이 불규칙하게 요철을 이루고 있어 바람이 교란되어 작은 와류(회오리)가 많이 생길 때 ②태풍 중심 부근의 강풍대에서 ③지표면이 불규칙하게 가열되어 열대류가 일어날 때 ④저기압이 급속히 발달할 때 ⑤뇌우의 하강기류역에서 ⑥한랭전선 전방의 불안정선이나 한랭전선 후방의 2차 전선이 통과할 때 ⑦고지대의 한기가 해안지방으로 급강하할 때 ⑧북서계절풍이 강할 때 등이다.

돌풍의 특징은 풍향이 급하게 변하고, 큰 비 혹은 싸락눈이 쏟아지며 때로는 우박이 떨어질 때도 있다. 기온은 급강하하고 상대습도는 급상승한다. 돌풍 접근 시, 기압은 급강하하나 통과 후 급상승한다. 돌풍의 원인은 여러 가지 있으나 대체적인 원인은 한랭한 하강기류가 온난한 공기와 마주치는 곳, 즉 한랭기단이 따뜻한 기단의 아래로 급하게 침입하여 따뜻한 공기를 급상승시켜 일어날 경우가 많다.

3-2 기압

3-2-1 공기의 기압이란

공기도 물질의 일종이므로 무게가 있다. 그러나 우리들은 공기 속에 살기 때문에 그 무게를 느끼지 못한다. 공기가 가득 찬 공의 무게와 공기가 완전히 빠진 공의 무게는 다르다. 실제 정밀한 저울로 달아보면 공기 1*l*의 무게는 약 1.3g이나 나간다. 대기의 압력 즉, 기압이란 이 공기의 무게가 누르는 압력이다. 그러나 눈에 보이지 않는 공기의 압력을 이해하기는 어렵다. 그러면 공기를 눈에 보이는 물로 바꾸어 놓고 수압에 대해 생각해 보자. 풀장에 잠수 했을 때 가슴이 약간 압박되는 것을 느낄 수 있을 것이다. 그것은 물이 사방에서 몸을 누르기 때문에 몸 전체가 약간 줄어드는 느낌을 받고, 실제로도 약간 줄어들게 된다. 이것은 여름에 풀장에서 간단히 실험 할 수 있다. 물속에 있을 때는 물의 무게가 누르는 압력 즉 수압을 받고 있지만, 지상에 있을 때도 이것과 같이 공기의 압력을 받고 있다. 높은 하늘에서 우리가 있는 지상까지의 공간에는 엄청난 공기가 존재하고 있다. 이 공기는 중량을 가지고 언제라도 사방에서 우리들의 몸을 누르고 있다. 그러나 우리들 몸은 태어나면서부터 공기가 누르고 있는 힘을 무의식적으로 받고 있어, 기압을 못 느낄 따름이다.

3-2-2 기압을 발견한 사람

몸으로 느낄 수 없는 기압은 언제 누가 발견했을까. 1643년 갈릴레오의 제자로 있었던 이탈리아 사람인 토리첼리이다. 토리첼리는 한쪽이 막힌 길이 약 1m, 단면적 $1cm^2$의 유리관에 수은을 채웠다. 그리고 아래쪽 수은이 놓인 용기 속에 이 유리관을 거꾸로 뒤집어 넣고 막았던 한쪽을 떼자, 수은은 그 자체 무게로 유리관을 따라 내려가, 아래쪽 용기의 수은 면에서 약 76cm 높이에서 멈추었다(그림 3-2-1). 이것은 공기의 누르는 힘인 기압과 수은 76cm의 무게가 균형을 이룬 것이다. 이 수은을 위로 눌러 올리는 힘이 기압이다.

[질량]=[밀도]×[체적]이므로, 이 수은주의 질량은 수은의 밀도가 13.5951이므로 [질량] = 13.5951(g/cm^3) ×76cm × $1cm^2$ ≒ 1,033g이 된다. 기압은 이 1,033gr의 수은을 밀어 올리는 힘이다. 수은주 대신 물로 바꾸어보면, 물의 밀도는 약 1.0이므로 1,033g = 1.0(g/cm^3) ×

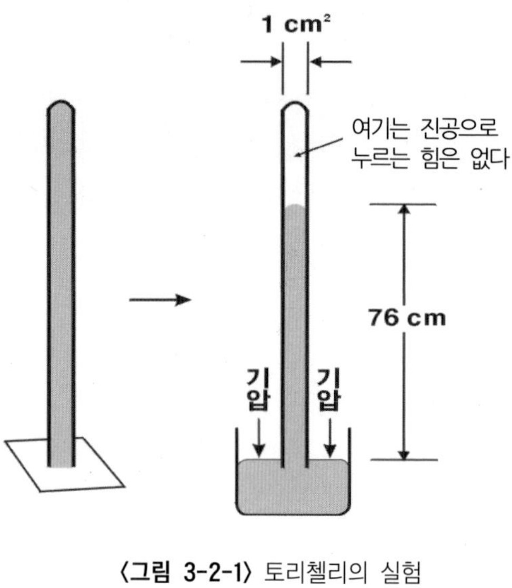

〈그림 3-2-1〉 토리첼리의 실험

물기둥길이(cm) × $1cm^2$에서, [물기둥길이] = 1,033cm ≒ 10m가 된다. 이것은 전기를 사용하지 않는 수동 펌프로 우물물을 길러 올릴 때, 우물 깊이가 10m보다 깊으면 퍼 올리기 힘들다는 것을 말한다.

3-2-3 기압 표시법

기압은 ① $1cm^2$ 면적에 작용하는 힘이다. ② 표준기압이란 1기압을 말한다. ③ [1기압] = 1,013mb(hPa) = 760mmHg ④ mb와 mmHg의 관계는 약 4:3 이다 ⑤ [1기압] = 1,033(g) × 980.665(cm/s^2) = 1,013×10^3 (gcm/s^2) = 1,013 × 10^3dyn = 1,013mb이다. 여기서 1 dyn = 1 gcm/s^2이고 1,000 dyn = 1 mb이다. 1 파스칼(Pa)은 1 Newton/m^2이고, 1 Newton = 1 kgm/s^2 = 10^5 dyn 이므로 1 Pa = 10^5 dyn/10^4 cm^2 = 10 dyn/cm^2이다. 따라서 [1기압] = 1,013 × 100 Pa = 1,013 hPa이다.

3-2-4 기압의 높이에 따른 감소

기압은 고도가 높아짐에 따라 감소한다. 대기는 지표면 가까이 갈수록 두꺼워지고, 높이 올라갈수록 급격히 엷어진다. 예를 들어, 5km 높이에서는 지상의 1/2, 15km에서는 1/10이 된다. 기압감소는 지표면 부근에서 높이 8m마다 약 1mb, 5km 높이에서 15m마다 1mb의 비율로 감소한다(그림 3-2-2).

비행기에 달려있는 고도계도 이런 원리를 이용한다. 지상에 있을 때의 기압을 0m로 정하고, 위로 올라갈수록 기압이 낮아지므로 기압감소 곡선에 따라 고도계를 읽으면 된다. 과거, 비행기가 성층권을 비행할 때는 비행사는 잠수복과 같은 옷을 입고 옷 속의 기압과 온도를 높여야 했다. 최근에는 비행기 객석이나 조종석 등을 공기가 새지 않게 꽉 막고, 실내 전체의 압력을 높인다. 실내 전체 공기가 새지 않게 하

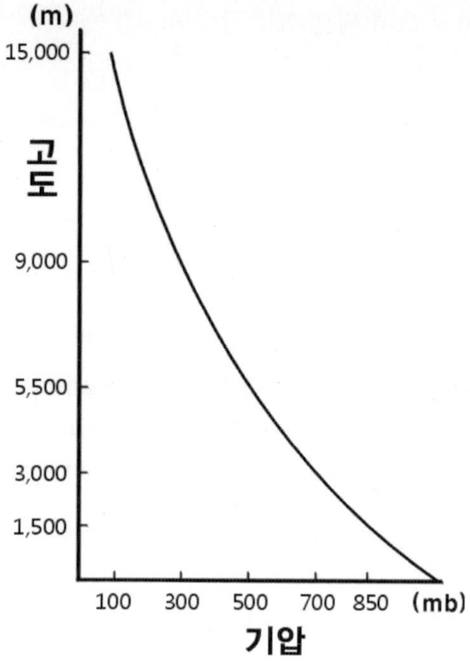

〈그림 3-2-2〉 높이에 따른 기압감소

는 것은 쉬운 일이 아니다. 만약, 10km 고도를 비행하면 기압은 약 250mb 이므로 실내와의 기압차는 약 750mb이다. 앞에서 1,000mb의 압력은 $1cm^2$에 대해 약 1kg의 무게이므로 1m2는 7.5톤에 해당한다. 즉, 50kg 몸무게를 가진 150명이 실내 벽을 안쪽에서 바깥쪽으로 밀고 있는 힘과 같다.

기압은 해면상의 기압을 기준으로 한다. 만약, 기압을 산위에서 관측했다면 그 산 높이만큼의 낮은 기압이 관측되므로, 이것을 해면상의 기압으로 고치기 위해 그 높이에 해당하는 보정치를 더해주어야 한다. 이것을 기압의 해면경정이라 한다.

3-3 기압과 바람의 관계

기압은 앞장에서 설명한 바와 같이 상공에 있는 공기 무게의 합이다. 공기도 지구의 인력에 의해 무게가 있다. 단, 공기는 형태가 없기 때문에 위쪽뿐만 아니라 사방에서 우리 몸에 압력을 주고 있다. 이것이 공기의 압력, 즉 기압이다. 이 기압과 바람은 관계가 깊다.

3-3-1 기압이 높은 곳 낮은 곳

기압이 높은 곳에서 낮은 곳으로 바람은 불어간다. 이것은 물이 수위가 높은 곳에서 낮은 곳으로 흐르는 것과 같은 이치이다. 일기예보에서 고기압, 저기압에 대해 자주 듣는다. 1기압은 1,013hPa 인데, 구체적으로 어느 정도의 압력이 있으면 고기압이고, 어느 정도 압력이 없으면 저기압이라고 하는가. 고기압, 저기압은 몇 hPa부터라고 하는 절대치 숫자로 나타내지 않는다. 주변 공기보다 상대적으로 기압이 높은지 낮은지에 의해 결정된다.

3-3-2 상공의 진공청소기

기압이 높고 낮다 하더라도 좀처럼 실감하기 힘들 것이다. 상공에 큰 진공청소기가 있다고 생각하자. 진공청소기의 공기를 빨아들이는 입구가 저기압에 해당하고, 공기를 빨아내는 본체 배출구 주변이 고기

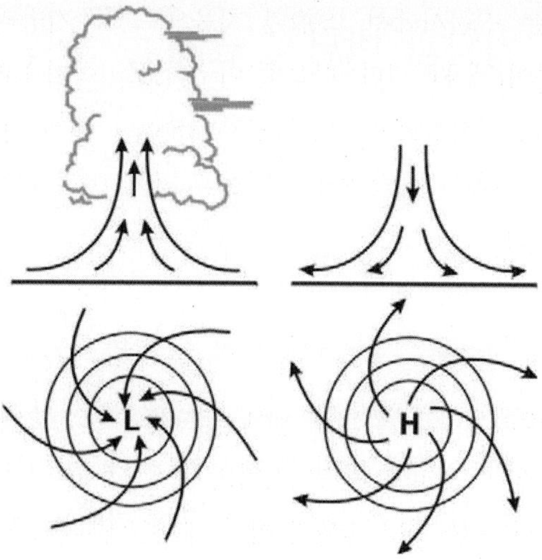

〈그림 3-3-1〉 저기압과 고기압에서의 공기이동

압이다. TV의 일기예보에 등장하는 일기도의 저(L)나 고(H)란 글자는 이 진공청소기의 입구와 배출구 중심을 나타낸다. 저(L)라는 글자가 있는 곳은 공기가 빨려 들어가고 있는 저기압의 정 중앙으로, 기압이 주변보다 낮아 빨려 들어온 공기가 수렴하여 상승기류가 생기므로 날씨가 나빠진다. 반대로 고(H)자는 공기가 불어 나오고 있는 고기압의 한가운데 부분으로, 수렴된 공기가 하강하는 하강기류가 생겨 습도가 낮아지고 구름이 증발하여 좋은 날씨가 된다(그림 3-3-1).

3-3-3 기압은 높은 곳에서 낮은 곳으로

풍선 공이나 자동차 타이어에 공기를 넣어보자. 공기는 물과 같은 액체와 달리 잘 압축되고 팽창되는 성질이 있다. 만약 물을 풍선과 같은 용기에 넣으면, 물은 아래쪽에 모이지만 공기는 용기 전체에 차게 된다. 따라서 용기 안에 들어간 공기는 고루 퍼져 벽을 밀고, 풍선이나 타이어는 부풀어 오른다. 만약, 한도 이상 공기를 집어넣으면 풍선이나 타이어는 터진다. 이처럼 팽창하려는 성질을 가진 기체가 밀어내는 힘을 압력이라 한다. 기체는 압력의 차이가 생기면 높은 곳에서 낮은 곳으로 흘러 들어가, 전체를 같은 압력으로 만들려는 성질이 있다. 기압차가 심할수록 공기는 빨리 흐르고, 이 흐르는 속도는 바람의 속도와 비례한다.

3-3-4 기압차가 생기는 이유

자유 대기 중, 기압차는 왜 생기는 것일까. 이것은 앞에서도 보았지만, 열이 지역에 따라 균일하게 복사되지 않기 때문이다. 어떤 지역이 태양열을 받을 경우, 만약 어느 부분은 숲이 우거져 있고 어떤 지역은 풀 한포기 없는 벌판이라면, 벌판이 더 많은 열을 받아 열을 대기 중에 더 많이 방출(상승기류 발생)할 것이다. 따라서 상층의 대기는 기압의 높고 낮은 곳이 발생하여 기압차가 생긴다. 공기는 기압이 낮은 곳의 공간을 메우기 위해 높은 곳에서 낮은 곳으로 이동하기 시작하며, 이 이동으로 인해 바람이 일어나게 된다.

바람은 기압이 높은 곳에서 낮은 곳으로 움직이는 기압차에 기인 한다고 했는데, 이러한 기압차를 만드는 것은 온도차나 밀도차에 의해서다. 더워진 공기는 밀도가 작아 가벼워져 상승하고, 위에 있는 찬 공기는 밀도가 커져 무거워 아래로 내려온다. 따라서 공기가 적은 곳을 향해 공기가 수평방향으로 이동하는 원인도 이러한 온도차나 밀도차에 의한 기압차 때문이다.

3-3-5 등압선과 기압경도

등압선이란 기압이 같은 지점을 연결한 선이고, 기압경도란 단위거

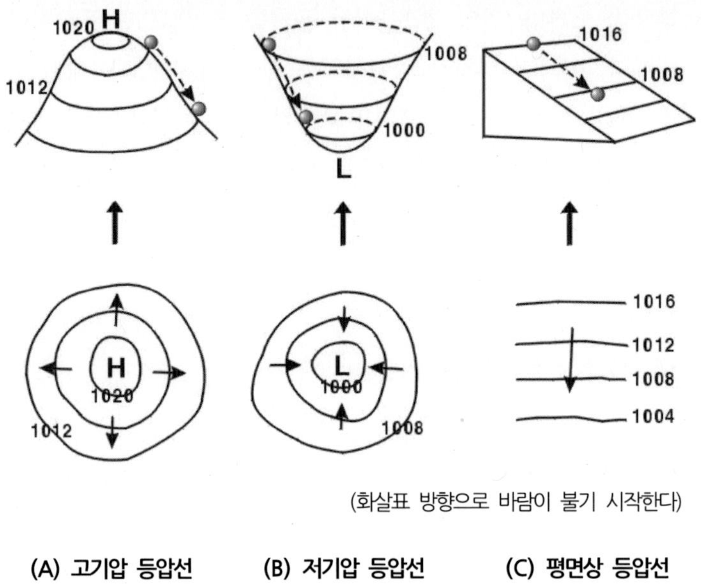

〈그림 3-3-2〉 등압선과 공기이동

리에 대한 기압의 차(두지점간 기압차/두지점간 거리차)이다. 지상 일기도를 보면 등압선이 그려져 있다. 이 등압선의 값이 크면 기압이 높고, 작으면 기압이 낮아, 바람은 값이 큰 쪽에서 작은 쪽으로 분다. 이때, 등압선을 〈그림 3-3-2〉의 산의 등고선처럼 생각하여, 바람은 경사면을 타고 등압면에 수직하게 내려온다.

두 지점 간의 거리가 같더라도 기압차가 크면 바람은 강해진다. 즉, 등압선이 조밀할수록 바람이 세다. 기압경도에서 보통, 거리단위는 적도상의 자오선(경도) 1도의 길이 111km를 잡는다. 만약 〈그림 3-3-2〉(C)의 1016~1004mb 등압선 간의 거리가 180km라면, 이 두 지점간의 기압경도는 (12mb/180km) × 111km = 7.4mb가 된다.

3-4 바람을 일으키는 힘

바람이 일어나는 가장 큰 원인은 기압차에 의한 ① 기압경도력 때문이다. 이 최초의 힘인 기압 경도력에 의해, 공기가 기압이 높은 곳에서 낮은 곳으로 이동하기 시작하면, 지구 자전에 의해 생기는 ② 코리올리힘(전향력)이 작용한다. 코리올리힘은 실제로 존재하는 힘이 아니라 지구와 함께 운동하는 관측자에게만 나타나는 가상적인 힘인 겉보기 힘이다. 바람이 지면 가까이 불거나 풍속이 다른 기층들 사이를 통과하면 ③ 마찰력이 작용하고 만약, 등압선이 곡선일 경우, 바람은 그 곡선을 따라 불기위한 ④ 원심력(원운동에 필요한 힘)과 같은 힘들이 작용하게 된다.

이 4가지 힘이 균형을 이룬 상태에서 부는 바람은, 지표에서 등압선과 임의의 각도를 유지하며 기압이 높은 곳에서 낮은 곳으로 분다(지상풍). 바람과 등압선 사이의 각도는 육상이 30°, 해상이 10° 정도이다. 상공은 마찰력이 거의 작용하지 않으므로 바람(지균풍, 경도풍)은 등압선에 평행하게 불게 된다.

3-4-1 기압경도력

두 지점 간의 기압차로 인해 생기며, 바람이 불게 되는(정지 상태의 공기가 움직이게 되는) 근본적인 원인이 되는 힘이다. 대기는 정해진

〈그림 3-4-1〉 기압경도력

공간에 공기 분자들이 더 많이 존재하거나, 공기 분자들이 더 활발하게 운동할수록 기압은 더 높다. 자연계는 어느 지역의 기압이 주변보다 높으면, 그 지역의 공기 분자들이 기압이 낮은 지역으로 퍼져나가도록 힘이 작용한다. 이 힘이 기압경도력이다(그림 3-4-1).

대기의 기압은 높이 올라갈수록 낮아지므로 하층의 압력이 상층보다 커, 공기덩어리는 아래에서 위로 힘이 작용하고, 이 힘은 중력과 평형(정역학 평형)을 이룬다. 기압경도력을 연직 성분과 수평 성분으로 분해할 때, 연직 성분의 기압경도력은 중력과 평형을 이루므로, 기압경도력을 말할 때는 보통 수평 성분의 힘만을 말한다.

[힘] = [질량] × [가속도] 이므로, 고기압과 저기압의 압력차(기압경도력)를 ΔP, 공기의 밀도를 ρ, 공기덩어리의 부피는 단위 단면적(1)×두 지점간의 거리(Δx), 공기덩어리에 작용하는 가속도를 G라 하면, $\Delta P = (\rho \times 1 \times \Delta x) \times G$ 가 된다. 이식을 단위 질량당의 힘(가속도)으로 환산하면 $G = 1/\rho \times \Delta P/\Delta x$가 된다. 이 식이 1g의 공기덩어리에 작용하는 기압경도력이다.

① 기압경도력의 크기는 두 지점간의 기압차에 비례하고, 두 지점간

의 거리에 반비례한다(기압경도력 = 기압차 / 등압선의 거리). ② 기압경도력의 방향은 항상 고기압에서 저기압을 향한다. ③ 만약 다른 힘이 작용하지 않는다면, 기압경도력은 등압선에 수직하게 작용하며, ④ 두 지점간의 기압차(기압경도력)가 클수록, 등압선 간격이 좁을수록 바람은 강하다.

3-4-2 코리올리힘

우리가 유원지 등에 놀러 가면 빙글빙글 도는 큰 회전판 같은 놀이기구가 있다. 친구와 둘이 회전판위에 서서 캐치볼 놀이를 했다고 가정하자. 회전판이 돌기 시작해 공을 친구에게 던졌다. 그러나 공을 친구에게 직선으로 똑 바로 던졌는데, 공은 오른쪽으로 곡선을 그리면서 친구의 야구 글러브에 닿지 않았다. 왜 그럴까.

이것은 코리올리힘이라고 하는 가상의 힘(겉보기 힘)이 작용하였기 때문이다. 실제로 공은 친구가 있는 장소를 향해 직선 궤도로 갔다. 그러나 회전하는 판 위에 있기 때문에 공이 공중에 있는 동안 공을 던진 사람의 위치가 움직여, 공이 곡선을 그리며 날아간 것처럼 보인 것이다. 이와 같이 움직이는 물체가 오른쪽(북반구) 혹은 왼쪽(남반구)으로 곡선을 그리면서 진행하는 힘을, 이 힘을 발견한 사람의 이름을 앞에 붙여 코리올리힘(전향력)이라 한다.

만약, 기압경도력만 바람에 작용한다면 바람은 등압선에 직각으로 불 것이다. 그러나 실제는 그렇게 불지 않는다. 지구상의 움직이는 모든 물체에는 코리올리힘이 작용하기 때문이다.

〈그림 3-4-2〉의 (A)와 같이 만약, 북극의 고기압 역과 P지점의 저기압 역 사이에 기압경도력이 작용해, 북극에서 P지점을 향해 바람이 직선 경로로 불었다고 하자. 일정시간이 지나 바람이 P지점이 있던 장소

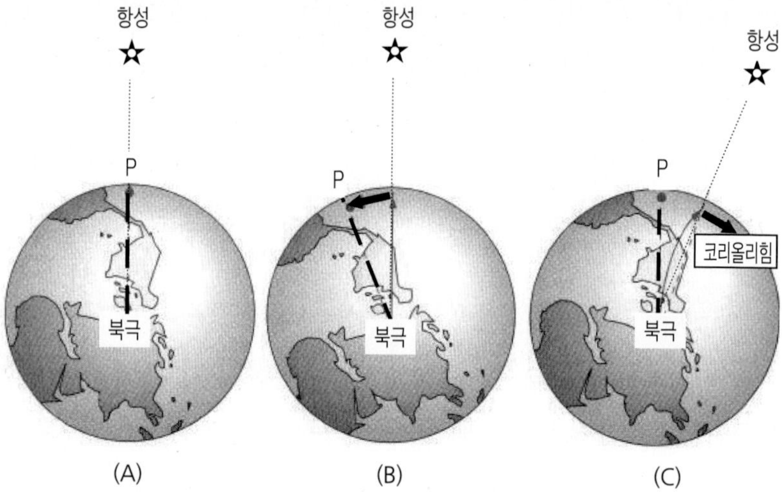

〈그림 3-4-2〉 북반구 지구상의 관측자가 본 바람의 방향

에 도달했을 때, 지구는 그 시간동안 반시계 방향으로 자전하여 P지점은 〈그림 3-4-2〉의 (B)와 같이 된다. 그러면, 이것을 지구상에 있는 관측자가 봤을 때, 바람은 북극에서 P지점을 향해 직선으로 불어갔더라도 바람의 진행경로는 〈그림 3-4-2〉의 (C)와 같이 된다. 즉, 관측자 입장에서 볼 때, 바람은 오른쪽으로 휘어져 분 것이 된다. 이것은 실제 어떤 힘이 바람에 직접 작용하여 바람방향을 바꾼 것이 아니라, 단지 관측자가 보기에 바람 방향이 바뀌었다고 느끼는 겉보기 힘인 코리올리힘이 작용하였기 때문이다.

코리올리힘을 달리 표현하면, 자전하는 지구상의 고위도와 저위도의 접선속도 차이로 인해 생기는 힘이라 할 수 있다. 지구는 자전축을 중심으로 같은 시간 동안 고위도는 느리게, 저위도는 빠른 속도로 회전한다. 물체는 출발지에 가지고 있던 각운동량을 보존하므로, 저위도에서 고위도로 향하는 물체는 위도에 따른 속도 차 만큼 더 빨리 이동하고, 고위도에서 저위도로 가는 물체는 더 느리게 이동하게 된다.

[코리올리힘의 크기] = 질량(m) × 속도(v) × 2ω(지구자전각속도) × sinψ(위도) 즉, ① 물체의 이동 속도에 비례 ② 위도의 사인(sin)값에 비례 ③ 운동하는 물체의 질량에 비례 ④ 지구의 자전 각속도에 비례 ⑤ 운동 방향의 오른쪽(북반구) 혹은 왼쪽(남반구)으로 작용한다.

3-4-3 마찰력

운동하는 모든 물체엔 마찰이 작용한다. 마찰력의 크기는 물체의 속도에 비례하고, 물체의 진행방향과 반대로 작용한다. 바람이 불 때, 지면과의 마찰만 고려하면, [마찰력] = -마찰계수(k) × 풍속(v). 단, 마찰계수는 지면의 종류에 따라 다르다. 이 식에서 마찰력은 풍속이 증가할수록 커진다. 또, 해면보다 지표면에서 마찰계수가 더 크므로 마찰력도 더 크다. 음(-)의 부호는 바람방향과 반대임을 의미한다. 지면 사이의 마찰력은 공기덩어리의 이동속도와 방향을 변화시킨다.

3-4-4 원심력

외부로부터 어떠한 힘도 받지 않는 물체는 자신의 운동 속도와 방향을 유지하려한다. 이것이 잘 아는 뉴턴의 제 1법칙(관성의 법칙)이다. 회전판 위에 놓여 있는 공에 줄을 묶어 회전판과 함께 일정한 속도로 회전시켜보자. 이때 공의 속도는 일정하나 공은 매 순간 운동방향이 바뀐다. 이것은 공에 묶인 줄의 장력이 공을 회전축 쪽으로 끌어당기기 때문이다. 만약 줄을 끊어 잡아당기는 장력을 제거하면, 공은 줄에 수직한 접선 방향으로 날아간다. 줄에 수직한 접선 방향이 그 순간 공의 운동 방향이기 때문이다. 공을 잡아당기는 힘(줄의 장력)은 공의 운동 방향을 끊임없이 바꾸게 하는 구심력이다. 즉, 줄의 장력이 구심력

역할을 하여 물체의 운동 방향을 바꾸고 원운동을 유지시키는 것이다.

여기서, 회전판 밖의 관측자는 공이 줄의 장력으로 운동 방향을 계속 바꾸고 있다고 생각한다. 그러나 공과 함께 도는 회전판 안의 관측자는 공이 정지해 있다고 생각한다. 관측자가 공과 함께 움직여, 줄의 장력(구심력)이 공을 당기고 있음에도 불구하고 공은 회전축으로 딸려가지 않는다고 생각한다. 마치 회전축과 반대 방향으로 공을 잡아당기는 힘이 있어 구심력과 평형을 이루는 것처럼 보인다. 회전판 안(지구상)의 관측자가 느끼는 이 가상의 힘을 원심력이라 한다. [원심력의 크기] = 질량(m) × 회전각속도$(\omega)^2$ × 회전축에서의 거리(R) 이다.

3-5 바람의 종류

3-5-1 지균풍

지표면의 마찰 영향이 없는 지상 약 1km 이상의 상공에서 직선상의 등압선에서 부는 바람을 지균풍이라 한다. 1km 이상의 상공에는 지면과 부딪히는 마찰력이 없으므로 공기덩어리는 기압경도력에 의해 〈그림 3-5-1〉의 최초 (A)지점의 정지 상태에서 출발해 점차 전향력(코리올리힘)의 영향을 받아 오른쪽으로 휘어진다. 바람은 저압부를 왼쪽으로 보며 (B)지점에서 정상상태가 되어 등압선에 평행하게 불게 된다.

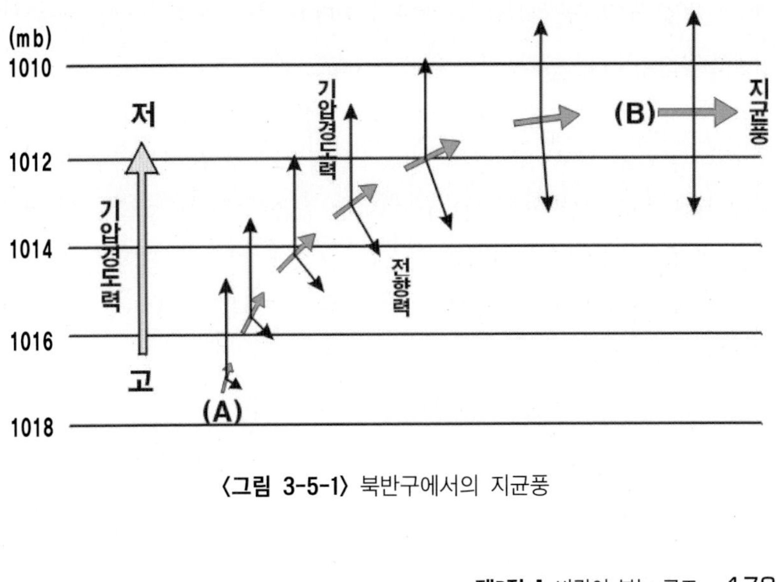

〈그림 3-5-1〉 북반구에서의 지균풍

따라서 지균풍에 작용하는 힘은 기압경도력과 전향력뿐이다(그림 3-5-1). 기압경도력은 항상 등압선에 수직하며 고기압에서 저기압 쪽으로 작용한다. 전향력은 항상 바람이 진행하는 방향의 오른쪽으로 수직하게 작용한다.

즉, 지균풍은 [기압경도력]=[전향력] 이므로, 식으로 쓰면 $\frac{1}{\rho}\frac{\Delta P}{\Delta x} = 2\omega V sin\phi$이다. 여기서 ρ는 공기의 밀도, $\frac{\Delta P}{\Delta x}$는 기압경도, ω는 지구 자전의 각속도, V는 지균풍의 속도, Φ는 위도이다. 이것을 V에 대해 정리하면, $V = \frac{1}{2\omega\rho\sin\phi}\frac{\Delta P}{\Delta x}$로 주어진다. 따라서 만약, 기압경도를 나타내는 두 지점의 위도가 같다면(〈그림 3-5-1〉의 등압선 분포가 세로일 경우), 바람은 기압경도($\Delta P/\Delta x$)가 클수록 바람이 강하다. 즉, 등압선이 조밀할수록 바람이 세다. 또 〈그림 3-5-1〉과 같이 기압경도는 같으나 위도가 다를 경우, 고위도 (B)와 저위도 (A)의 관계는 $\frac{1}{\sin\phi_B} < \frac{1}{\sin\phi_A}$이므로, 기압경도(등압선의 간격)가 같으면 바람은 위도가 낮은 곳일수록 강하다.

3-5-2 경도풍

지균풍에서 보았듯이, 지상 약 1km 이상의 상공은 지표면과 바람 사이에 마찰력이 없다. 그러나 지균풍과 달리 등압선이 곡선이면 원심력이 작용한다. 따라서 기압경도력, 전향력, 원심력이 서로 균형을 이루면서 부는 바람이 경도풍이다. 〈그림 3-5-2〉에 북반구의 고기압과 저기압에 따른 경도풍에 대한 힘의 균형관계를 나타낸다.

고기압과 저기압에서 기압경도력이 같을 경우, ① 고기압성 등압선의 기압경도력은 바깥으로 작용하므로 [전향력]=[기압경도력]+[원심력]이 된다. ② 저기압성 등압선의 기압경도력은 안쪽으로 작용하고 [기압

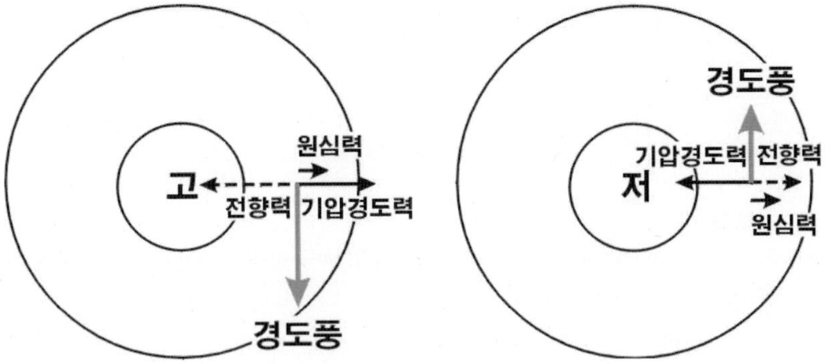

〈그림 3-5-2〉 북반구의 고기압과 저기압에서의 경도풍

경도력]=[전향력]+[원심력], 즉 [전향력]=[기압경도력]-[원심력]이 된다. 따라서 풍속에 비례하는 전향력의 크기가, 고기압은 기압경도력과 원심력이 더해져 커지므로 바람은 더 강해지고, 저기압은 약해지게 된다. 그러나 실제는 저기압 주위의 기압경도력이 고기압 주위보다 훨씬 커, 저기압 주위에서 경도풍이 더 세게 분다.

3-5-3 지표면에 부는 바람

지상에서 상공 약 1km 미만에서 부는 바람을 지상풍 또는 마찰풍이라고 한다. 지표면 가까이서 부니 지상풍이고, 지표 가까이는 마찰력이 존재하므로 마찰풍이라고도 한다. 지상풍의 특징은 ① 지상풍에 작용하는 힘은 기압경도력, 전향력, 마찰력이다. ② 바람은 마찰력의 영향으로 등압선을 비스듬히 가로질러 저기압 쪽으로 불어간다. ③ 등압선과 풍향이 이루는 각도는 해상 15~30°, 육상 30~40° 정도이다. ④ 바람이 숲, 건물, 산 등에 부딪혀 마찰이 생기므로 바람의 속도는 상공의 지균풍보다 느리다(그림 3-5-3).

측정 자료가 없는 지점의 지상풍 풍속은, 일기도에서 지균풍을 계산

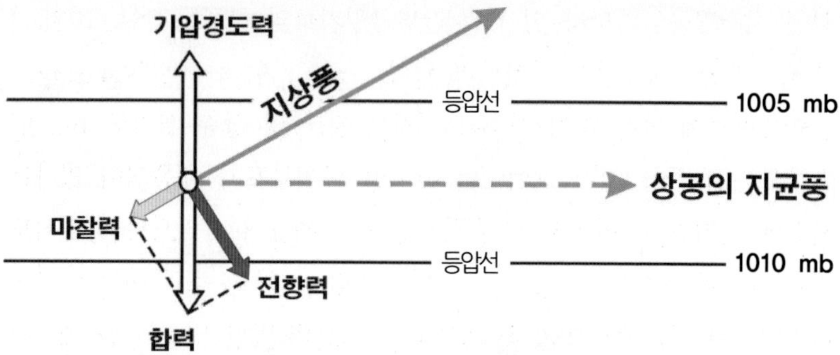

〈그림 3-5-3〉 북반구에서의 지상풍

하여 대략 ① 지상에 부는 바람 = 0.7×지균풍 ② 해상에 부는 바람 = 0.5×지균풍 과 같이 추정한다. 그러나 지표면에서 상공으로 올라갈수록, 마찰이 줄어 바람 속도가 커지고, 방향은 오른쪽으로 점차 기울어져 지균풍과 같아진다(그림 3-5-4). 지상풍에 작용하는 기압경도력은 고기압에서 저기압으로 등압선에 수직하게 작용하고, 전향력은 바람 진행 방향의 오른쪽 수직방향, 마찰력은 바람 진행 방향의 반대쪽으로 작용한다.

등압선이 곡선일 경우 지상풍은 〈그림 3-5-5〉와 같이 분다. 북반구에서 중심이 고기압인 경우, 바람은 시계 방향으로 불어나간다. 중심이

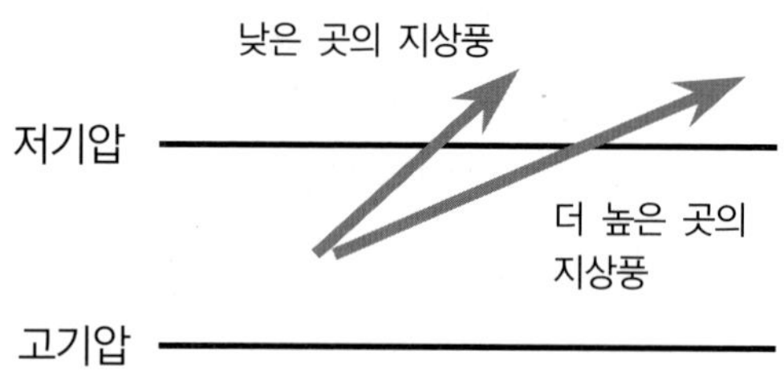

〈그림 3-5-4〉 지상풍의 변화

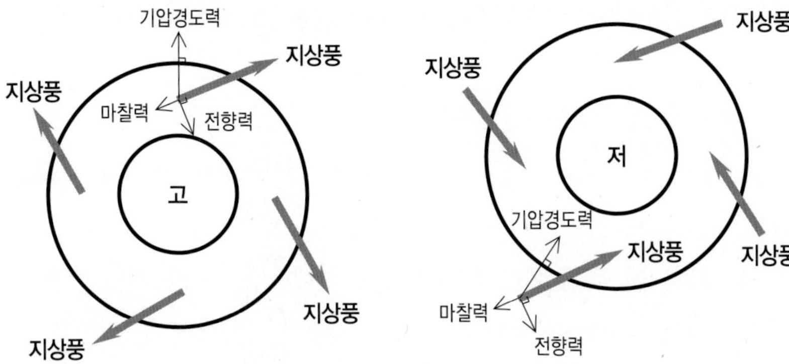

〈그림 3-5-5〉 북반구 고기압, 저기압에서의 지상풍

저기압인 경우는 반시계 방향으로 불어들어 간다. 등압선과 풍향이 이루는 각도는 ① 대기가 불안정 할 때 커지는 경향이 있고, ② 고위도일수록 작아진다. ③ 기압이 점차 상승하고 있는 지역은 커지고, 하강하는 지역은 작아진다. ④ 지상에서는 지형의 영향으로 풍향이 불규칙해, 자연적인 풍향을 나타내지 않을 때가 많다.

3-5-4 편서풍

비행기를 타고 미국을 왕복할 때, 갈 때와 올 때의 소요시간이 크게 다른 것을 알고 있는가. 미국에서 한국으로 올 때는 갈 때보다 시간이 더 걸린다. 이것은 비행기가 지나가는 상공에 편서풍 속의 특히 강한 흐름인 제트기류가 있기 때문이다. 또, 우리나라의 일기가 서에서 동으로 변화하는 이유도 편서풍 때문이다.

편서풍은 중위도(30∼60°) 지방의 서쪽에서 동쪽으로 부는 바람으로, 저위도 지방의 무역풍과는 반대방향이다. 편서풍은 북반구뿐만 아니라 남반구에서도 연중 발생하며, 대류권 상공까지 불고 있어 온대지방의 일기가 서쪽으로부터 변하는 원인이 된다. 여름철 태풍이 남서

해상에서 우리나라 쪽으로 이동해 오는 것도 이 편서풍 때문이다.

3-5-5 편서풍의 발생원인

편서풍이 발생하는 이유는 온대 지방의 남북 간 서로 다른 기단에 의한 심한 온도기울기를 해소하는 과정에서 발생한다.

(1) 중위도에 위치하는 온대 지방은 한대 지방의 찬 기단과 열대 지방의 따뜻한 기단이 자주 접촉하는 지역이다. 따라서 두 지역의 성질이 서로 다른 기단이 만나게 된다. 성질이 서로 다른 기단은 밀도가 서로 다르기 때문에 상승 또는 하강 기류가 생기고, 그 과정에 응결이 일어나 구름이 형성되거나 강수가 발생하기도 한다. 기류의 상승과 하강 과정을 보면, 밀도가 큰 찬 공기는 하강하면서 위치 에너지가 감소하고, 밀도가 작은 따뜻한 공기는 위치 에너지가 증가한다. 그러나 두 공기의 이동 거리는 같지만, 찬 공기는 밀도가 커 방출(감소)된 위치에너지 ([밀도(질량/부피)]×[중력가속도]×[연직이동거리])가 밀도가 작은 공기가 흡수(증가)한 위치에너지보다 더 크므로, 그 차이만큼의 위치에너지가 운동에너지로 변환되어 두 기단의 접촉면(한대전선대)에 공급된다. 이것은 편서풍의 발생 원인을 에너지 교환에서 본 것이다.

(2) 한편, 열대 지방은 직접(해들리) 순환에 의해 에너지 수송이 일어나나, 그 북쪽의 대기 순환은 간접순환으로 에너지를 효율적으로 수송하지 못한다. 그 결과 온대 지방을 사이에 두고 남북 간의 기온 차이(두기단의 전선)가 심화되게 된다. 이것을 해소하는 과정이 편서풍의 발생과 그 파동이다. 다른 조건이 같을 때 기온이 높은 지역일수록 기압이 높다. 따라서 같은 고도에서 북쪽보다 남쪽이 기압이 더 높아, 기압 차로 인한 기압경도력은 남에서 북으로 작용하게 된다. 동일 고도

의 남북 간 상층등압선 모습은 일반적으로 위도에 나란하다. 기압경도력에 의해 공기는 남에서 북으로 이동하나, 전향력의 영향으로 편향되어 등압선에 평행하게 서에서 동으로 이동한다.

(3) 이러한 원리로 부는 바람은 지균풍이며, 온대 지방에서 지속적으로 서에서 동으로 부는 이 지균풍을 편서풍이라 한다. 남북 간 온도 차이는 상층으로 갈수록 커지고 편서풍의 풍속도 강해, 대류권 상층에 제트기류라는 빠른 편서풍이 불게 된다. 따라서 편서풍 발생의 주요 원인은 온대 지방에서의 남북 간 심한 온도기울기라 할 수 있다.

3-5-6 편서풍 파동

편서풍의 속도가 어느 이상에 달하면 편서풍이 불안정해져, 파장이 수천 km에 달하는 파동(사행운동)이 일어난다. 처음에는 남북으로 진동이 작아 파동이 약하나, 남북 간 온도차가 커 파동이 커지면, 파의 봉우리와 골짜기는 남북으로 더 뻗어 편서풍 파동이 발달하게 된다. 편서풍 파동은 전선의 이동, 발달 및 쇠약과 밀접한 관계가 있어 일기 변화에 큰 영향을 미친다.

이 파동을 로스비(Rossby)파라고도 하는데, 그 파장은 보통 3,000~6,000 km 정도이다. 편서풍 파동 내 50~150m/s의 강한 바람을 제트기류라고 한다. 제트기류는 겨울철에 강하며, 많은 양의 열과 수증기를 이동시키는 역할을 한다. 제트기류는 저기압성 폭풍(태풍)의 원인이 되기도 한다.

3-5-7 편서풍 파동의 절리(blocking)현상

〈그림 3-5-6〉에서와 같이 편서풍 파동이 심하게 일어나면 파의 일부가 분리되어 북쪽은 따뜻한 공기의 고기압, 남쪽은 찬 공기의 저기압

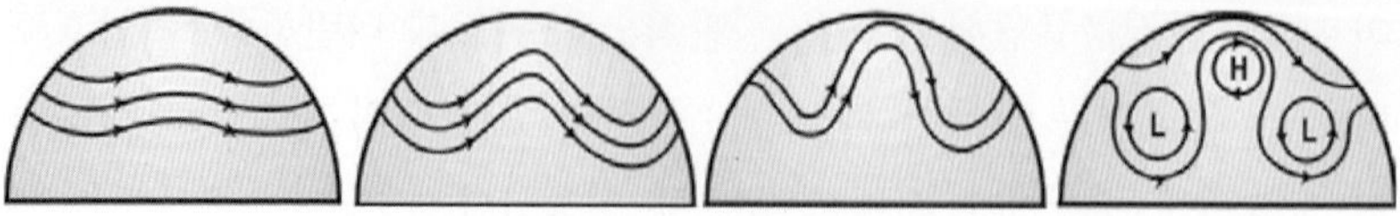

〈그림 3-5-6〉 편서풍 파동의 절리

이 되는 현상이 일어난다. 이때 발생되는 고기압과 저기압을 절리 고기압, 절리 저기압이라 한다. 편서풍 파동이 절리 상태에 있을 때는 남북 간의 열과 수증기 교환이 활발하게 일어난다.

한편, 우리나라 상공에도 편서풍인 강한 제트기류가 불고 있다. 이 제트기류는 봄~여름경 다소 남하하여 한반도 상공에 파동을 그리며 불게 된다. 이때 제트기류는 〈그림 3-5-7〉과 같이 남북으로 일시 분리되어 절리고기압인 오오츠크해 고기압을 만든다. 이 절리 고기압인 오오츠크해 고기압과 북태평양 고기압이 만나 우리나라 남쪽에는 정체전선이 형성된다.

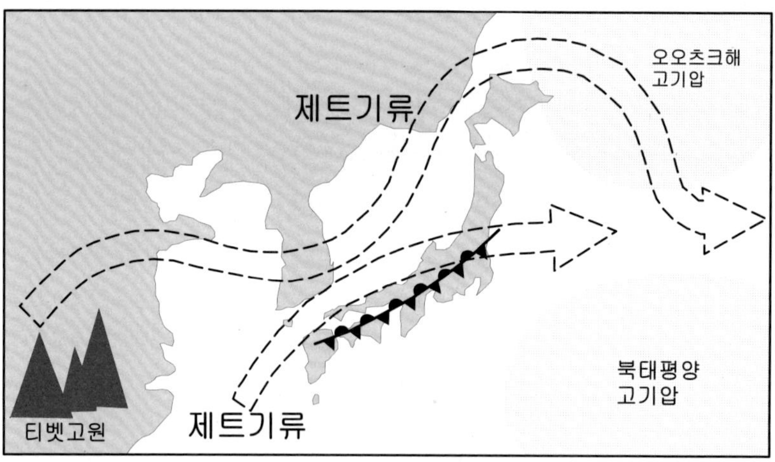

〈그림 3-5-7〉 장마철의 제트기류

3-5-8 계절바람

1년을 주기로 대륙과 해양사이에서 여름과 겨울에 풍향이 바뀌는 바람을 계절풍(계절바람)이라 한다. 겨울은 대륙에서 해양으로, 여름은 해양에서 대륙을 향해 부는 탁월풍이다. 계절풍의 원인은 육지와 해양의 비열의 차 혹은 계절에 따라 대륙과 바다 사이의 기압 배치가 달라지기 때문이다. 겨울은 대륙이 현저히 냉각되어, 한랭하고 무거운 공기가 퇴적되어 고기압이 생긴다. 따라서 상대적으로 기압이 낮은 해양을 향해 바람이 불게 된다. 반대로 여름은 대륙이 가열되어 저압부가 되고, 상대적으로 찬 해양의 고기압에서 대륙을 향해 바람이 분다. 콜럼버스나 마젤란 등은 이들 바람의 존재를 알고 있어, 옛날부터 범선의 항해에 이용하였다.

영어로는 Monsoon(몬순)이라 하는데, 본래는 아랍어로 Mausim(계절)에서 유래되어 인도에서 주로 사용되었다. 현재 계절풍이 현저한 지역은 인도, 한국, 일본, 동남아시아 등이다. 우리나라 계절풍은 겨울에 북서 계절풍, 여름에 남동계절풍으로 크게 나뉜다. ① 겨울에 시베리아 내륙에 찬 공기가 쌓이면서 고기압이 발달하고, 태평양에 저기압이 발달하여 차고 건조한 북서 계절풍이 분다. 그러나 3~4일 주기로 고기압 세력이 약해지고, 또 저기압이 몽고 일대를 지나갈 때, 우리나라 부근의 기온은 올라간다. 이처럼 춥고 포근한 날이 반복되는 것이 우리나라 주변의 삼한사온 현상이다.

반대로 ② 여름철은 바다에 고기압이 형성되고, 대륙 내부에 저기압이 발달하여 남동~남서 계절풍이 분다. 남동계절풍은 따뜻한 바다에서 증발한 수증기가 많이 포함되어 기온이 높고 습기가 많다. 따라서 여름철을 무덥게 하며 불쾌지수를 높인다. 남동 계절풍은 4월에 시작하여 8월경에 끝나는데, 6월 중순~7월 중순에 세력이 강하다. 이들

계절풍은 우리나라의 건기와 우기를 결정하며 한반도 기후에 큰 영향을 미친다.

3-5-9 해풍 육풍 고요

여름에 해수욕 갔을 때, 해변의 낮과 밤에 바람 부는 방향이 반대가 된 것을 느껴본 적이 있을 것이다. 낮에는 바다에서 육지로, 밤은 육지에서 바다를 향해 바람이 분다. 고요라고 하는 무풍상태의 시간이 아침저녁 몇 시간씩 있다. 이것은 계절바람에서와 같이 육지와 바다의 비열에 차이가 있기 때문이다. 육지는 태양열을 받으면 비교적 빨리 데워지고 냉각도 빨리 된다. 쌀쌀한 여름날 풀장에 뛰어들면 물 안이 따뜻하다. 이것은 물이 전날의 수온을 간직해, 물이 잘 식지 않았기 때문이다.

낮 동안 태양열에 의해 육지는 데워지고, 육상의 공기는 가벼워진다. 해상의 차고 무거운 공기가 육지를 향하여 분다. 이것이 해풍이다. 밤에 식기 어려운 해면위의 따뜻한 공기가 올라가고, 차갑고 무거워진 육상의 공기가 바다를 향하여 불어간다. 이것이 육풍이다. 바람방향이 바뀔 때 몇 시간동안 고요가 온다. 이러한 해풍, 육풍을 해륙풍 이라고 하며, 큰 호수에서도 같은 현상이 일어날 수 있다. 이것은 호육풍이라 한다.

일기속담 한마디

마파람에 게눈 감춘다

마파람이란 말은 농촌이나 어촌에서 흔히 쓰는 말로, 남풍을 가리키는 말이다. 남풍이 불면 대개 서쪽에 저기압이 있고, 이 저기압은 점차 동쪽으로 접근하므로 곧 날씨가 나빠져 비가 오게 마련이다. 따라서 게가 비가 오는데 겁을 먹고 눈을 급히 감는 데서 생긴 것이다. 밥을 눈 깜짝할 사이에 먹어치울 때 흔히 쓴다.

춘향가에 암행어사가 된 이도령이 거지꼴을 하고 월매의 집을 찾아와 밥 한 그릇 달라고 하지만, 월매는 밥이 없다고 타박한다. 향단이가 눈물을 흘리면서 이도령에게 밥을 차려주자 이도령은 며칠 굶은 사람처럼 밥을 먹어댄다. 이 꼴을 본 월매가 기가 막혀 한 말이 '마파람에 게눈 감추듯 하는구나'

3-6 저기압과 고기압

3-6-1 저기압이란

저기압이란 주변보다 상대적으로 기압이 낮은 부분이다. 예를 들면, 1기압(1013mb)이라도 주변 상태에 의해 저기압이 될 수도 있고, 고기압이 될 수도 있다. ① 저기압은 거의 원형 혹은 타원형으로, 몇 개의 등압선으로 둘러싸여 중심으로 갈수록 기압이 낮다. ② 기압이 가장 낮은 곳을 저기압 중심이라 한다. ③ 기압이 같은 폐곡선의 바깥 직경을 저기압의 직경이라 하면, 일반적으로 고기압보다 직경이 작다. ④ 저기압 중심을 향해 바람이 반시계방향으로 불어 들어간다. ⑤ 상승기류에 의해 구름과 강수현상이 있고 바람도 강하다. ⑥ 저기압은 전선의 파동에 의해 생긴다. ⑦ 저기압을 유지하는 에너지는 한기단과 난기단의 위치에너지이다.

3-6-2 저기압의 생성

저기압에는 열대지방에서 발생하는 열대저기압과 그 이외의 지방에서 발생하는 온대저기압이 있다. 저기압이라 하면 보통 온대저기압을 지칭할 때가 많다. 열대저기압에 대해서는 다음 장에서 살펴보기로 한다. 저기압은 주변의 기압이 높은 곳에서 바람이 불어 들어가, 중심부근에 모인 공기는 상승기류가 되어 상공으로 올라간다. 이때, 지상에서 불어 들어가는 공기보다 상공에서 발산하는 공기량이 많으면, 상승기류가 활발히 일어나 저기압이 발달한다. 상공의 발산양이 적고, 지상에서 불어 들어가는 양이 많으면, 기압이 낮은 부분이 상쇄되어 저기압이 쇠약해 진다.

극기단과 한대기단의 경계인 북극전선대나 한대기단과 열대기단의 경계인 한대전선대에서는 전선의 파동에 의해 저기압이 형성된다. 이 저기압을 유지하는 것은 한기와 난기의 위치에너지이다. 중위도나 고위도의 저기압은 대부분 한대전선 위에서 생긴다. 온대지방에서 발생한 저기압이므로 온대 저기압이라 한다. 온대 저기압은 중위도 지방에서 발생하므로 편서풍에 밀려 동쪽으로 이동한다.

3-6-3 온대 저기압의 일생

전선 상에 저기압이 발생하여 소멸하기까지의 기간은 보통 2~7일 정도이다. 저기압의 일생은 일반적으로 4단계로 나뉜다.

(1) 발생기

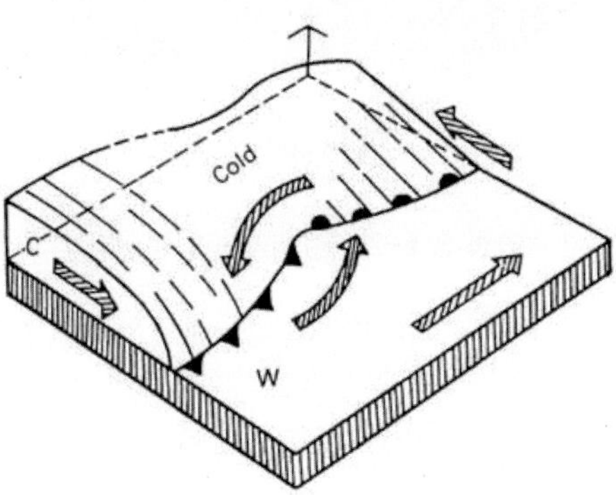

〈그림 3-6-1〉 온대 저기압 발생기

〈그림 3-6-1〉과 같이 맨 처음, 북쪽에 한기단, 남쪽에 난기단이 서로 만나 동서로 뻗어 있는 정체전선이 형성된다. 이후, 전선 남쪽의 난기단은 서풍, 한기단에서는 동풍 혹은 약한 서풍이 불면서 정체전선 상에 작은 파동이 생긴다. 남쪽의 난기단은 북쪽을 향하고, 북쪽에 있는 한기단은 남쪽을 향한다. 파동의 동쪽은 온난전선, 서쪽은 한랭전선이 된다. 이것이 저기압의 최초 발생으로 날씨가 나빠지는 범위는 아직 크지 않다. 한랭전선과 온난전선 사이의 남쪽 난기단 지역을 난역(暖域)이라 한다.

(2) 발달기

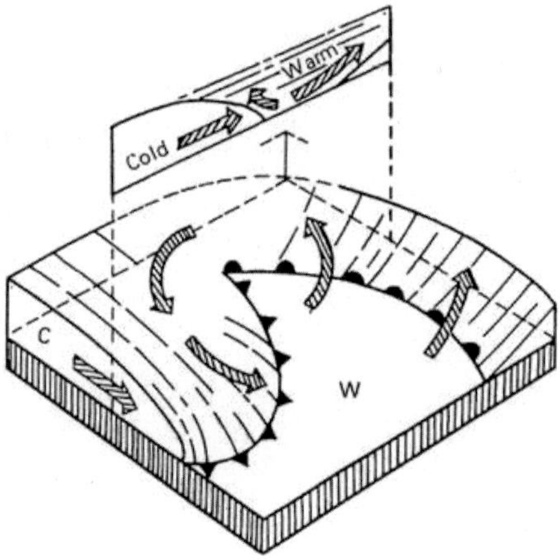

〈그림 3-6-2〉 온대 저기압 발달기

〈그림 3-6-2〉와 같이 한랭전선과 온난전선의 파동이 점차 커진다. 전선이동이 활발해지고 저기압의 중심기압도 낮아져 비바람이 강해진다.

(3) 폐색기

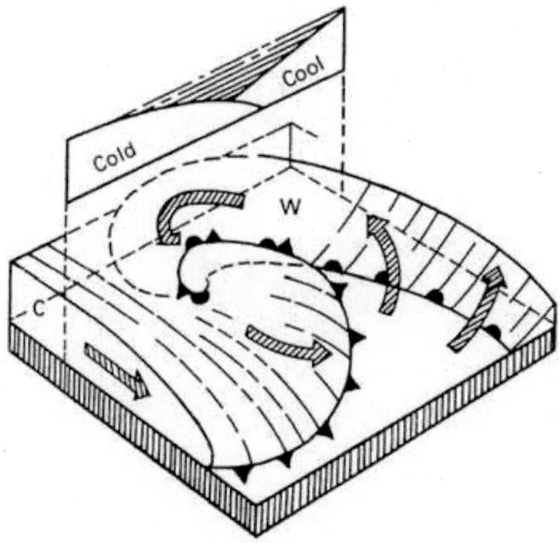

〈그림 3-6-3〉 온대 저기압 폐색기

한랭전선은 온난전선보다 빨리 진행하므로, 한랭전선이 온난전선을 따라잡아 폐색이 시작된다. 이때 전선의 파동은 최대가 된다. 즉, 폐색 초기에 저기압이 가장 발달한다. 〈그림 3-6-3〉과 같이 폐색이 진행되면 중심 부근에 형성된 난역(暖域)은 차츰 좁아지고, 난기단은 상공으로 밀려 올라가게 된다. 이후 난기의 보급이 점차 줄어들어 저기압은 차츰 쇠약해지기 시작한다.

(4) 소멸기

〈그림 3-6-4〉와 같이 전체 저기압에 걸쳐 폐색이 완료되면, 폐색전선에 의한 소용돌이(와류)만 남게 된다. 최종적으로, 기압의 하강은 정지하고 전선을 경계로 한 기단의 차이가 없어져, 저기압은 소멸한다.

규모가 큰 저기압은 이러한 한랭, 온난 전선의 파동이 원인이 되어 발생한다. 중위도에서 전선을 거느리고 있지 않은 저기압으로는 열 저기압과 지형성 저기압이 있다. ① 열 저기압은 국지적인 지면 가열에

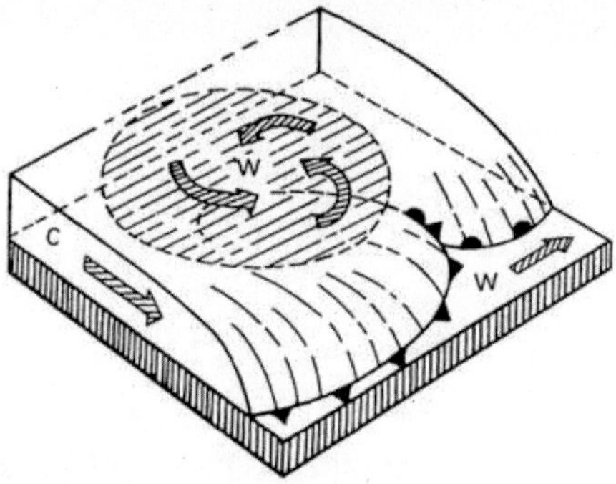

〈그림 3-6-4〉 온대 저기압 소멸기

의해서 생기는 것으로, 여름의 주간에 분지나 사막 등에서 발생한다. 여름철 뇌우나 소나기, 봄, 가을의 돌풍 등을 일으킨다. 야간에 지표면이 식으면 소멸한다. ② 지형성 저기압은 바람이 산맥 등에 부딪히면, 바람 뒤쪽이 기압이 낮아져 저기압이 발생한다. 또, 저기압이 해안지방 부근의 해상을 이동할 때, 바람 뒤쪽의 해상에 지형성 저기압이 만들어진다.

3-6-4 온대 저기압의 에너지

온대 저기압의 발달을 〈그림 3-6-5〉와 같이 모식도로 나타내면, ① 처음에 전선을 끼고 수평방향으로 늘어서 있던 찬 공기와 더운 공기의 무게 중심은 찬 공기가 더 무겁기 때문에 찬 공기 쪽에 존재한다. ② 찬 공기는 무거우므로 아래로 내려가고, 더운 공기는 가벼워 위로 올라가면서 서로 섞인다. 또 상승기류의 수증기가 응결하면서 내는 잠열도 에너지로 작용하여 더운 공기의 상승은 촉진된다. ③ 무게중심은 처음에 비해 아래로 내려간다. 찬 공기가 아래로 깔렸으므로 무게 중심도 찬 공기 쪽으로 이동했기 때문이다. ④ 무게 중심의 하강으로 위

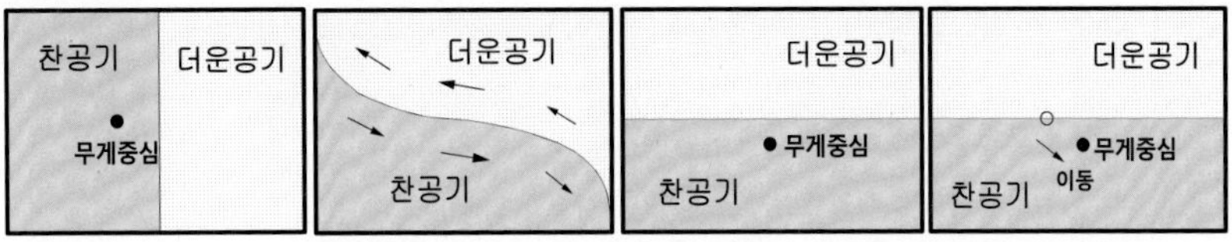

〈그림 3-6-5〉 온대 저기압 발달 모식도

치에너지가 감소했고, 줄어든 위치에너지가 운동에너지로 바뀌어 비와 바람을 일으킨다. 두 기단의 온도차가 클수록 온대 저기압의 에너지도 커, 더욱 강한 비바람이 분다.

3-6-5 온대 저기압의 날씨

우리나라는 중위도 편서풍대에 위치하므로 온대 저기압은 서쪽에서 동쪽으로 이동하면서 날씨의 변화가 나타난다.

(1) 온난전선

온난전선 통과로 남동풍이 불고, 넓은 지역에 층운이 발생하여 지속적으로 비(이슬비)가 내리며 기온은 서늘하다. 전선 통과 후, 날씨는 맑아진다. 더운 공기가 뒤이어 들어오므로 기온상승과 기압 하강이 나타나고, 풍향은 남동에서 남서풍으로 시계방향으로 변한다.

(2) 한랭전선과 온난전선 사이

남서풍이 불고 날씨가 맑으며 따뜻한 공기가 있어 기온이 높다.

(3) 한랭전선

한랭전선 통과에 따라 바람은 남서풍에서 돌풍이 불고 좁은 지역에 적운(적란운)이 발달한다. 소나기가 내리며 기온은 서늘하다. 전선 통과 후, 비가 그치고 날씨는 맑아진다. 찬 공기가 뒤이어 들어오므로 기온하강과 기압 상승이 나타나고, 풍향은 북서풍으로 변한다.

(4) 온대 저기압의 중심

북동풍이 불고 날씨가 흐리며 기온이 낮다.

3-6-6 고기압이란

고기압이란 기압이 높은 곳으로, 주변의 기압이 낮은 곳을 향해 바람이 시계방향으로 불어 나간다. 이것을 보충하기 위해 중심부근은 하강기류가 있고, 단열승온으로 대기 중 물방울은 증발한다. 구름이 사라지고 날씨가 좋아진다. 고기압 중심부근은 기압경도가 비교적 작아 바람은 약하다. 지상에서 불어 나가는 공기보다 상공에서 수렴되는 공기량이 많으면, 하강기류가 활발히 일어나 고기압이 발달한다. 상공의 수렴양이 적고, 지상에서 불어 나가는 양이 많으면, 기압이 높은 부분이 해소되어 고기압은 쇠약해 진다.

3-6-7 고기압의 생성

고기압은 한랭한 공기가 모여 형성되는 한랭고기압, 역학적 원인으로 만들어지는 온난고기압, 편서풍에 의해 동쪽으로 이동하는 이동성고기압, 기온변화에 의한 소규모의 지형성고기압이 있다. 한랭고기압과 온난고기압은 규모가 크고 기단의 발생과 관계가 있다.

(1) 한랭고기압

지표의 냉각에 의해 대기 하층이 무거워져 만들어진다. 온도가 낮고 기압이 높아져 형성되는 겨울철 시베리아 고기압이 대표적인 예이다. 규모는 직경 약 5,000km에 이를 정도로 크다. 하층의 냉각은 2~3km 높이로, 그 이상의 층에서는 역전층, 즉 상공이 오히려 주위보다 기압이 낮은 저기압이나 기압골로 되어있어, 고기압의 키(높이)는 작다. 역전층으로 인해 안개가 많고 지표면에 서리가 내리는 경우도 있다. 고기압 상공에 저기압이 있어 좋은 날씨만 나타나지는 않는다(〈그림 3-6-6〉의 (A)).

(2) 온난고기압

대기 대순환의 역학적 원인으로 나타나는 고기압이다. 10 km 이상의 높이까지 고기압역이 형성되어 키가 큰 고기압이다. 위도 30°를 중심으로 지구를 둘러싸고 있으며 아열대 고기압이라고도 한다. 하층의 열대류로 인한 적운이 가끔 나타나는 정도이나, 대기 상층에서 하강기류가 내려오므로 구름이 거의 없고 날씨는 매우 좋다. 우리나라 여름철 북태평양 고기압이 대표적인 예이다. 해상을 제외하면 일반적으로 건조하여 육상의 사막지대(사하라, 고비, 타클라마칸, 아라비아, 미국

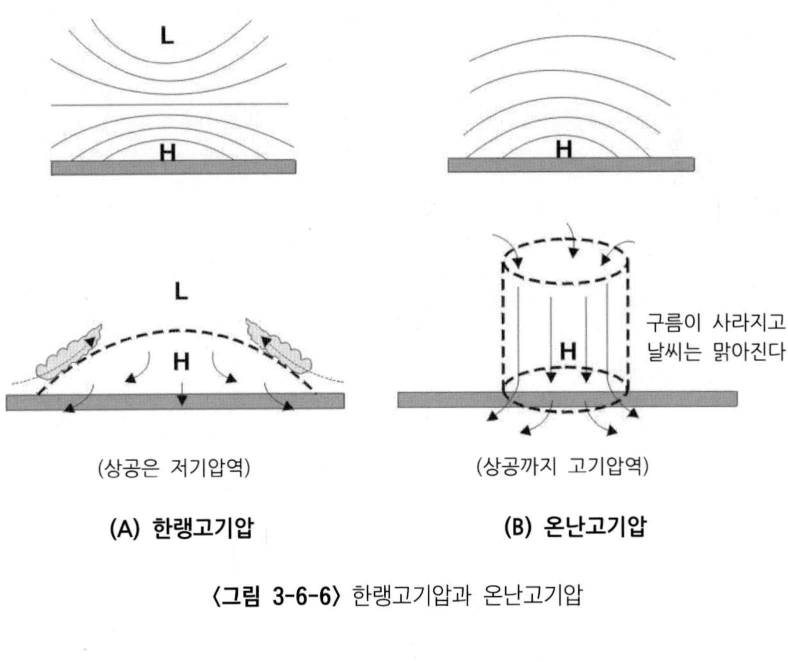

〈그림 3-6-6〉 한랭고기압과 온난고기압

의 LA 지역 등)가 이 고기압 역에 해당한다(〈그림 3-6-6〉의 (B)).

(3) 이동성고기압

원형에 가까운 폐곡선의 등압선을 가지고 규칙적으로 이동하는 고기압이다. 저기압과 교대로 이동하므로 진행속도는 저기압과 비슷하다. 북위 30° 아래의 저위도에서는 거의 나타나지 않는다. 고기압 중심은 바람이 약하고 날씨는 좋다. 그러나 뒤에 저기압이 따라오므로 곧 날씨가 나빠진다. 이동성고기압은 한랭고기압 성질을 가진 것과 도중에 변질되어 온난고기압의 특성을 가진 것이 있다. 한랭성은 난기단 유입에 의해 전선이 만들어지나, 온난성은 고기압 전역에 하강기류가 이어져 전선은 형성되지 않는다. 온난고기압 쪽이 더 오래 좋은 날씨가 계속된다.

(4) 지형성고기압

야간에 육지가 냉각되어 국지적으로 고기압이 형성된다. 주간에 지면이 가열되면 사라진다. 높이는 1,000m 정도로 낮고, 날씨에 큰 영향을 주지 않는다. 여름의 해안지방에 나타나는 육풍의 경우, 육지 쪽에 형성된다.

3-7 태풍

태풍 또는 허리케인은 열대저기압이 특히 발달하여, 중심 부근의 최대풍속이 17m/s 이상의 강한 폭풍우를 동반하고 있는 것을 말한다. 폭풍우는 반드시 태풍에만 동반되는 것이 아니라 온대저기압에서도 발생한다. 그러나 그 발생원인과 양상이 다르므로 열대저기압과 온대저기압은 구별된다.

3-7-1 열대저기압이란

주로 열대지방의 해상에서 발생하는 저기압을 말한다. ① 서로 다른 기단 사이의 전선 파동에서 발생하는 온대저기압과 달리 하나의 기단으로만 만들어진 소용돌이(와류)이므로 발생 초기에는 전선을 동반하지 않는다. ② 열대저기압은 난기와 한기의 유출입이 없어, 해상의 고온과 수증기 상승으로 인한 응결의 잠열이 에너지원이다. ③ 온대저기압의 운동 상태가 전선의 파동이라면 열대저기압은 무역풍(편동풍)내의 파동이 소용돌이의 와동(渦動)으로 발달된 것으로 생각된다. ④ 발달한 것은 중심기압이 960 hPa 이하로 기압분포는 거의 원 대칭이다. ⑤ 저기압의 이동에 따라 주위에서 바람이 가해져 풍속은 중심에 대해 대칭이 아닌 진행방향의 오른쪽 상한이 강하다. 그러나 폭풍영역은 대체로 온대저기압에 비해 작다. 위성 관측에서 보면, ⑥ 구름은 중심에 대해 나선 모양의 소용돌이 형태이다. ⑦ 중심 부근은 지름

〈그림 3-7-1〉 위성에서 촬영한 태풍의 구름사진

수십 km의 바람이 약한 구역이 있는데, 이 부분을 '눈'이라 한다. 눈 주변의 구름에서는 강한 비가 내리고 바람이 가장 세다(그림 3-7-1). ⑧ 일반적으로, 발생 초기에는 서진(西進)하다 점차 북상하여 발달하면 편서풍을 타고 북동진 한다. ⑨ 열대성저기압은 북상함에 따라 점차 약화되어 전선을 동반한 온대성 저기압으로 변질된다.

3-7-2 열대저기압의 발생

열대저기압의 발생에 대해서는 여러 가지 이론이 있으나, 관측 자료가 충분하지 못하고 해상에서만 일어나, 명확한 원인은 아직 연구 중에 있다. 현재까지의 이론들을 종합해 보면, 태풍발생의 온상이 되는 적도전선(수렴선)은 한대전선과 달리, 기단 간 온도나 수증기량의 차이가 적고, 북반구의 북동무역풍, 남반구의 남동무역풍 그리고 인도 쪽에서 불어오는 남서계절풍이 만나게 된다. 이 기류들이 만나는 지점에 상공의 편동풍 파동의 기압골이 오면 소용돌이가 일어나 태풍이 발생하게 된다. 편동풍 파동이란 저위도 상공에 부는 동풍이 남북으로 파동을 그리며 서쪽으로 이동하는 것이다. 이 파동의 기압골에 해당하는 부분이 기류들이 만나는 지점의 상공에 오면 기압의 하강이 일어나 소용돌이가 발생된다고 생각하고 있다. 이 소용돌이는 적도전선에서 기류의 수렴이 강해지거나, 편동풍 파동의 기압골이 발달하면 크게 되어 점차 태풍으로 발전한다.

3-7-3 열대저기압 발생장소

열대저기압은 일반적으로 열대 해양의 서쪽에서 많이 발생하는데, 적도를 중심으로 남북 5° 이내와 남대서양에서는 거의 발생하지 않는다. 또, 육상에서도 발생하지 않는다. 해수온이 26～27℃ 이상이고, 적도수렴대에서 북쪽으로 위도 약 5° 범위 내의 해양에서 자주 발생한다. 주로 여름철에서 가을철에 많이 발생하며, 발생장소에 따라 명칭을 각각 달리하고 있다(그림 3-7-2).

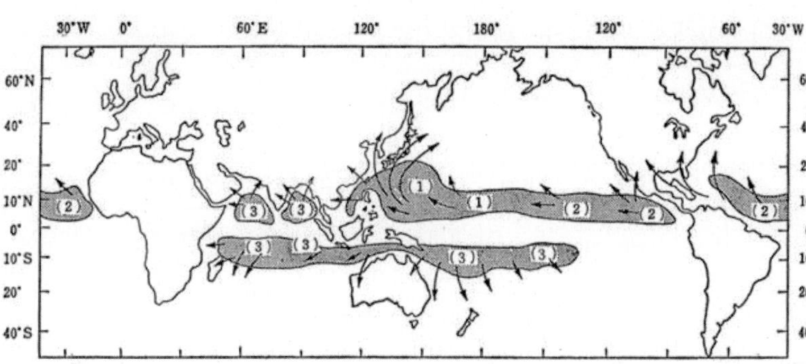

〈그림 3-7-2〉 열대저기압의 발생장소

(1) 태풍(Typhoon)

경도 180°~북태평양 서부와 남중국해에서 여름 7~10월에 주로 발생한다.

(2) 허리케인(Hurricane)

북대서양의 카리브해와 멕시코만 그리고 경도 180°~북태평양 멕시코 앞바다의 여름철에 발생한다.

(3) 사이클론(Cyclone)

인도양 및 남태평양 서부에서 발생한다. 아라비아해와 벵골만에서는 4~6월(봄)과 9~12월(가을)에 많이 발생한다. 인도양 남부 마다가스카르~동경 90°, 오스트레일리아 북서부는 남반구의 여름(북반구의 겨울)에 주로 발생한다. 오스트레일리아 서쪽 해상부근에서 발생하는 것은 윌리윌리(Willy-willy)라고도 한다.

3-7-4 열대저기압의 분류

동아시아에서 발생하는 열대저기압은 풍속에 따라 〈표 3-7-1〉과 같

〈표 3-7-1〉 열대저기압의 분류

<table>
<tr><th>총칭</th><th>한국, 일본 명칭</th><th>국제명칭(약호)</th><th>중심부근 최대풍속</th></tr>
<tr><td rowspan="4">열대저기압
(tropical cyclone)</td><td>약한 열대저기압</td><td>tropical depression
(열대저기압; T.D)</td><td>17m/s (34kts) 미만</td></tr>
<tr><td rowspan="3">태풍:
풍속 17m/s 이상</td><td>tropical storm
(열대폭풍; T.S)</td><td>17~24m/s
(34~47kts)</td></tr>
<tr><td>severe tropical storm
(강한 열대폭풍; S.T.S)</td><td>25~32m/s
(48~63kts)</td></tr>
<tr><td>typhoon
(태풍; T)</td><td>33m/s
(64kts) 이상</td></tr>
</table>

이 분류한다. 우리나라와 일본은 최대풍속 17m/s를 기준으로, 약한 열대저기압과 태풍 두 가지로 나눈다. 세계기상기구는 4계급으로 분류하며, 열대폭풍(tropical storm; T.S)부터 고유의 이름을 붙인다. 태풍의 이름은 아시아 각 국민들의 태풍에 대한 관심과 경계를 강화하기위해, 과거 서양식 이름에서 2000년 이후 아시아 고유의 이름으로 변경하여 사용하고 있다.

3-7-5 태풍의 일생

태풍이 발생~소멸의 기간은 평균 1주일, 최장 2개월 정도이다.

(1) 발생기

적운이나 세찬 비가 내리고 이것이 점차 중심에 모여 저기압성 소용돌이가 된다. 약한 열대저기압에서 태풍이 되는 기간이다. 중심기압 1,000mb 이상, 최대풍속 15m/s 정도, 10~20km/h의 속도로 편동풍을 타고 북북서로 진행한다.

(2) 발달기

북위 10°를 넘으면 급격히 발달한다. 중심기압은 편동풍을 타고 점차 하강한다. 태풍의 눈이 만들어지고 중심기압 990mb 이하, 최대풍속 30m/s, 20~30km/h로 진행한다.

(3) 최성장기

중심기압의 하강이 끝나고 태풍 반경이 커진다. 북위 20°를 지나 중심기압 900mb 전후, 최대풍속 70m/s 정도이다. 편동풍을 타고 북서진 하다가, 편서풍 속으로 진행방향을 바꾸는 전향점을 통과하는 시기이다.

(4) 쇠약기

전향점 통과 후 북동진 한다. 편서풍은 편동풍보다 풍속이 강해, 태풍은 30km/h~50km/h로 진행속도가 빨라진다. 폭풍 영역의 크기는 변하지 않으나 형태가 점차 흐트러지기 시작한다. 중심기압도 높아지고 최대풍속도 감소한다. 우리나라에 오는 태풍은 대체로 이 시기에 해당한다.

3-7-6 태풍의 진로

태풍이 이동하는 경로는 북동무역풍(편동풍)과 편서풍의 영향을 차례로 받아, 대체로 포물선 궤도를 그린다. 태풍의 월에 따른 평균적인 진로는 〈그림 3-7-3〉과 같다.

태풍은 북서진하여 중국 대륙으로 향하는 것과 방향을 바꾸어(전향) 북동진 하는 것이 있다. 전향하지 않고 서쪽으로 진행하는 것이 1/3, 전향하여 북동진 하는 것이 2/3 정도이다.

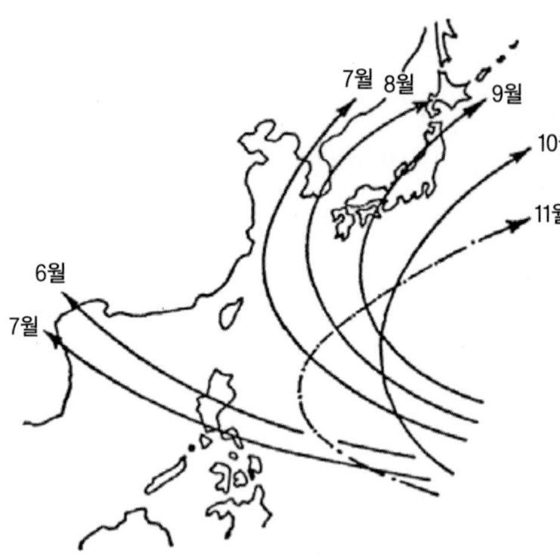

〈그림 3-7-3〉 태풍의 월별 평균 진로

3-7-7 태풍의 구조

태풍의 직경은 보통 400~600km이고, 높이는 권계면까지이다. 따라서 전체적으로 보면 평평하고 얇은 공기 소용돌이와 같다.

〈그림 3-7-4〉의 (A)와 같이 태풍 중심부는 두껍고 높은 구름으로 둘러싸인 태풍의 눈이 있고, 이 눈을 중심으로 지표 부근의 기류는 반시계방향으로 돌면서 중심으로 향해 불어 들어간다. 이후 기류는 급격히 상승하여 고도 약 5km 정도에서 1차로 불어나오며 고층운이 발생한다. 그리고 10~15km에서 2차로 권층운을 만들며 불어나와 태풍 바깥쪽(외측)으로 유출된다. 상승기류 속 수증기는 응결하면서 적운이나 적란운 등의 구름을 만든다. 수증기는 응결하면서 잠열을 방출하므로, 기온이 상승해 기류의 상승을 촉진시킨다. 직경 약 20~40km의 태풍의 눈에서는 하강기류가 나타나, 구름이 사라지고 바람과 비가 약해진다.

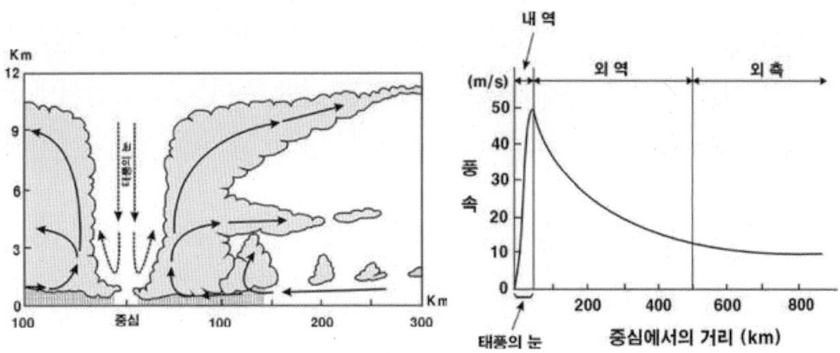

(A) 태풍의 수직구조　　(B) 태풍의 풍속 분포

〈그림 3-7-4〉 태풍의 수직 기류구조와 풍속 분포

3-7-8 태풍의 풍속 분포

태풍의 폭풍역이란 풍속 25m/s 이상의 바람이 불고 있는 범위를 말하는데, 이것은 이 풍속을 경계로 태풍 피해가 급증하기 때문이다. 태풍 내 등압선 간격은 외측은 비교적 넓으나 내측으로 갈수록 좁다. 등압선 간격에 반비례하여 풍속은 강해진다. 태풍 내의 풍속은 〈그림 3-7-4〉의 (B)와 같이 중심에 가까울수록 강해지지만 풍속이 최대인 곳은 중심이 아니라 중심에서 약 50km 정도 떨어진 원주상이 제일 강하다. 이 원주를 경계원이라 하는데, 이 경계원 바깥을 외역(바깥 구역), 안을 내역(안 구역)이라 한다.

바람은 태풍의 눈에서 내역의 위치까지 거리에 비례하여 직선적으로 증가하나, 내역에서 외역까지는 거리의 제곱근에 반비례하는 형태로 감소한다. 최대풍속은 태풍 중심기압에 의해 결정되므로 중심기압이 낮을수록 바람은 세다. 최대풍속을 추정하는 방법은 보통 $V=\sqrt[6]{1010-P}$(저위도일 때), $V=\sqrt[7]{1010-P}$(중위도일 때) 의 추정식을 사용한다. 여기서 V는 중심의 최대풍속(m/s), P는 중심기압(mb)이다. 이 식은 10분간 평균풍속의 최대치를 구한 것이므로, 순간최대풍속은 여기에 1.5배 한 것으로 보면 된다.

3-7-9 위험반원 가항반원

태풍의 풍속 분포는 태풍이 정체하고 있을 경우엔 원 대칭으로 생각되나, 태풍이 이동(진행)하고 있을 경우에는 진행방향의 오른쪽은 바람이 강해지고 왼쪽은 약해진다. 오른쪽이 바람이 강해지는 이유는, 〈그림 3-7-5〉와 같이 태풍의 회전 방향과 태풍이 이동하는 주변의 바람(북동무역풍과 편서풍) 방향이 일치하기 때문이다. 반대로 왼쪽은 바람방향과 반대가 되어 풍속이 약해진다. 태풍 원의 오른쪽 반

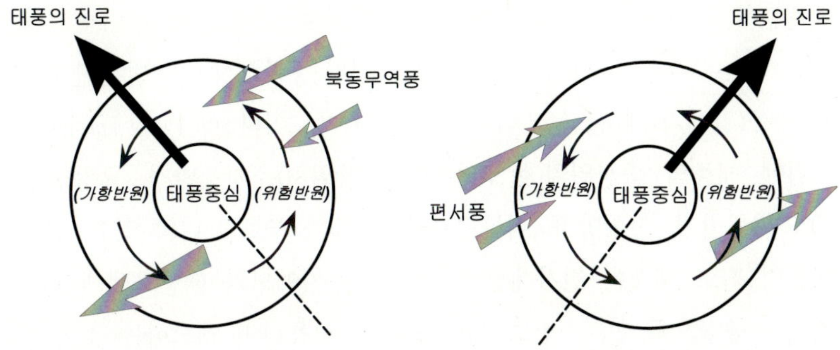

저위도에서 북동무역풍이 불때　　　　중위도에서 편서풍이 불때

〈그림 3-7-5〉 태풍의 위험반원과 가항반원

을 위험반원(危險半圓), 왼쪽 반을 가항반원(可航半圓) 혹은 안전반원이라 한다.

그러나 선박의 항해가 가능한 가항반원이라도 중심 부근은 풍속이 강하고 위험하기 때문에, 선박은 바람을 배 오른쪽 뒤(우현선미)에서 받거나 바람을 등지고 항해하면 태풍 속을 탈출할 수 있다. 위험반원 속에서는 바람을 배 오른쪽 앞(우현선수)에서 받거나 바람을 향해 항해하면 된다.

3-7-10 태풍 예측원

태풍의 예보는 현재 기상위성 관측에 의해 태풍의 발달 초기부터 추적할 수 있다. 발생이 확인되면 중심기압과 정확한 위치 등을 항공 관측한다. 태풍이 우리나라에 이동해 오면 위성분석과 제주에 있는 레이더를 이용해 중심위치, 이동방향, 이동속력, 크기 등을 자세히 추적, 분석하며 매시간 또는 30분마다 특별관측을 실시한다. 또, 이러한 실제 관측과 더불어 앞으로의 진로와 상륙지점, 풍속 및 강우상태 등을 예측한다.

〈그림 3-7-6〉은 2008년 7월 15일 필리핀 동쪽해상에서 발생한 제 7호 태풍(갈매기)에 관한 우리나라 기상청 자료이다(http://www.kma.go.kr). 그림에 태풍의 중심위치(현재위치와 예상위치), 강풍반경, 폭풍반경, 70% 확률반경, 진행방향, 이동경로 등에 대한 자료가 나와 있다. 현재, 태풍의 진로 예측은 전자계산기에 의한 수치예보와 태풍모델에 의한 예측을 중심으로 한다. 진로 예측을 원을 사용하여 예보하는 것이 예측 원이다. 예측원에는 강풍반경, 폭풍반경 및 70% 확률반경이 있다. 여기서 강풍 반경은 15m/s 이상의 바람이 부는 영역(점선 원), 폭풍반경은 풍속 25m/s 이상의 영역으로 km단위로 나타낸다. 70% 확률반경(실선 원)은 태풍의 예측위치를 정확히 한 점으로 예상하기 어려워 예측위치를 확률로 나타낸 것인데, 예측 된 태풍의 위치가 원안에 들어갈 확률이 70% 임을 의미한다. 즉, 12시간 혹은 24시간 후에 태풍 중

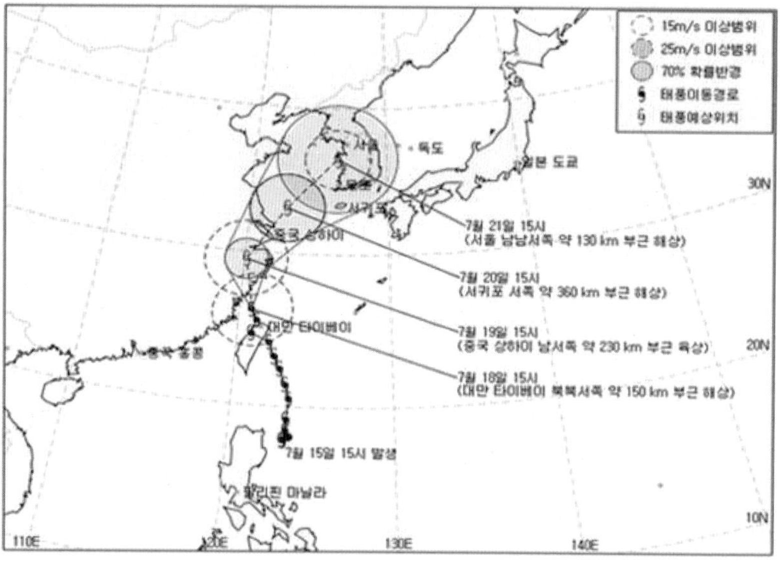

〈그림 3-7-6〉 기상청이 제공하는 태풍정보 (www.kma.go.kr)

심이 70% 확률로 도달한다고 보면 된다.

한편, 태풍이 상륙했다는 말은 우리 남해나 서해의 어느 해안에 도착했을 때만 사용하고 섬이나 반도, 곶, 갑, 등을 횡단한 경우는 통과했다고 한다. 따라서 제주도는 태풍이 상륙 했다고 말하지 않는다.

3-7-11 태풍에 수반되는 현상

태풍에 수반된 해안의 현상에는 풍랑, 너울, 고조(高潮)가 있다. 고조란 폭풍 또는 저기압에 의한 해일(海溢)이다.

(1) 풍랑

풍랑은 태풍으로 바람이 불기 시작한 약 12시간 후 최고 파고에 도달한다. 이 파고는 대체로 풍속의 제곱에 비례하나, 바람이 부는 거리도 관계한다.

(2) 너울

태풍에 의한 너울은 진행방향에 대해 약간 오른쪽에서 가장 잘 발달한다. 너울은 파장이 긴 것일수록 빨리 전해진다. 너울의 진행속도는 태풍 진행속도보다 보통 2~4배 빨라, 태풍 전 연안지방에 태풍 전조현상이 나타난다.

(3) 고조

동해안에서는 태풍중심이 남해안이나 서해안에 상륙해 동해 쪽으로 이동하여 북동 또는 동풍계열의 바람이 불 때, 또는 태풍이 동해상에 있을 때 나타난다. 남해안이나 서해안은 태풍중심이 해안에 상륙할 무렵, 또는 상륙 후 해안에 직각으로 바람이 불 때 잘 나타난다.

고조의 원인으로는 ① 바람에 의해, 해안에 해수가 밀려와 해면이 높아지는 것으로, 높이는 풍속의 제곱에 비례한다. ② 저기압 통과로 인한 기압하강 효과(역수은주 현상)로, 기압 1hPa 하강에 해수면은 1cm 상승한다. 960hPa의 태풍은 평균기압 1,010hPa에 비해 60hPa 낮으므로 해수면은 약 60cm 높아진다. ③반 폐쇄적 만이나 항만 등의 정진(静振)에 의한 것으로, 욕조의 물을 그 고유진동 주기로 흔들면 자유로이 진동하는 것과 같이, 태풍에 의한 바람이 만이나 항만 등의 해수면 승강을 크게 하는 것이다. 태풍 통과 후, 정진에 의해 해수면이 2~3회 가량 높아지기도 한다.

3-7-12 태풍에 대한 대비

태풍은 인류가 겪는 자연재해 중, 인명과 재산에 가장 큰 피해를 주는 것 가운데 하나이다. 강풍과 집중호우로 인한 직접피해와 해일, 홍수와 같은 간접피해가 있다. 바람에 의한 피해는 나무가 부러지고, 시설물들이 파괴되는 등, 풍속에 따라 피해 정도가 다르다. 태풍에 의한 엄청난 비는 산사태를 일으키며 강과 호수를 범람시켜 홍수를 유발하기도 한다.

태풍이 접근하여 태풍경보가 발표되면 다음 사항에 유의하여 대비해야 한다. ① 배수문 및 배수장의 수시 점검 ② 항시 태풍 주의보 및 경보 확인 ③ 비바람에 손상될 염려가 있는 시설물 관리 ④ 강가에 거주할 경우의 홍수대비 및 대피준비 ⑤ 산 밑에 거주할 경우의 산사태 대비 및 대피준비 ⑥ 해안가에 거주할 경우의 해일대비 등이다.

제4장

이상기상의 구조

4-1 이상기상이란

일반적으로, 이상기상 혹은 기상이변이란 과거의 기상상태에서 크게 차이가 나는 기상현상을 말한다. 세계기상기구에서 정의한 이상기상은 과거 30년 동안 한 번도 관측되지 않았던 기상 상태를 말한다. 기온과 강수량의 정량적 통계분석의 경우, 월평균기온이나 월강수량이 30년에 1회 정도의 확률로 발생하는 것을 이상기상이라 하고 있다. 또, 월평균기온은 평년값으로부터의 표준편차가 2배 이상 차이가 날 때를 이상고온 또는 이상저온, 월강수량이 과거 30년간의 어떤 값보다 많거나 적을 때를 이상다우, 이상소우라 하고 있다. 30년으로 정한 이유는 일반적으로 30년간을 기상의 표준 평년으로 사용하기 때문이다. 일기 예보에서 평년에 비해 기온이 높다, 비가 많이 온다는 것은 30년간의 기상 평균치보다 높거나 많다는 것을 의미한다.

4-1-1 세계의 기상이변

남극에서 빙하를 연구하던 한 기상학자가 지구에 이상변화가 일어날 것을 감지하고 국제회의에서 지구의 기온 하락에 관해 발표했다. 그는 지구 온난화가 남극과 북극의 빙하를 녹이고 염분이 낮아진 극 주변 해수가 침강하지 않아, 전 세계의 해류 순환구조가 바뀌어 고위도는 빙하로 뒤덮이고, 저위도는 뜨거운 열대로 변하는 거대한 재앙이 올 것이라고 경고했다. 얼마 전 개봉했던 영화 투모로우의 줄거리이다. 가상이지만 있을 법한 이야기이다. 실제, 미국 북부 산악지대의 온도가 -43℃를 기록하고 뉴욕 주 중부는 최대 356mm의 폭설이 쏟아졌다. 캘리포니아 남부 지역은 28℃까지 올라가 한여름을 방불케 하는 불볕더위가 닥치기도 했다.

2002년 여름, 유럽은 100년만의 최악의 홍수라는 폭풍우가 몰아쳤다. 체코의 프라하와 오스트리아의 잘츠부르크가 침수되었다. 독일의 엘베강이 범람하였고 이탈리아 북부에 폭풍우와 자갈만한 우박이 쏟아졌다. 같은 시기 중국 산시성은 하루 500mm의 폭우가 쏟아지는 집중호우가 발생했다. 러시아는 10년만의 대홍수가 발생해 93명이 숨졌다. 멕시코도 폭우로 11명이 사망했고, 인도, 네팔, 방글라데시 등, 동남아시아에 집중호우가 내려 많은 피해가 있었다. 우리나라도 2002년 여름에 발생한 초대형 태풍 루사로 한반도 전역에 많은 인명과 재산피해가 났다.

세계기상기구는 1980년대 들어 세계 각지의 이상기상이 빈발하여 1984년 세계기후시스템 감시계획을 작성하였다. 이것은 세계적 이상기상의 실태를 정기적으로 수집해 관련 국제기관이나 각국에 제공하는 계획이다. 이에 따르면, 1930~1980년대까지 이상기상의 발생 수는 전 지구적으로 볼 때 강수량에서는 큰 변화가 없으나, 1980년대 들어 이상고온은 증가하고, 이상저온은 감소했다. 최근 몇 년간 우리나라를 비롯한 세계 각국의 기상재해 기록은 해마다 경신되었다. 전 세계적으로 봤을 때, 10년 이내 발생한 이상기상 현상들은 거의 100년 동안의 기록들보다 많을 정도이다.

4-1-2 기후변화

기후란 대기의 평균상태로 매일의 날씨를 오랜 기간(30년) 평균하였을 때 나타나는 대기의 상태이다. 기후는 자연적인 요인과 인위적인 요인으로 점차 변화한다. 자연적 요인 중 외적인 것은 태양복사량의 변화, 지구내부 원인에 의한 대기성분의 변화, 화산 분화로 화산재가 하늘을 뒤덮어 태양 광선을 차단하여 나타나는 알베도(albedo)의 변화 등이 있다(그림 4-1-1). 극단적 예로, 빙하시대를 맞게 한 대형 운석의 충돌과 같은 주장도 자연 외적인 요인이라 할 수 있다. 기후 내적인 변화로는 대기와 해양 상호작용에 의해 나타나는 엘니뇨 등이 있다. 기후 내적 변화 중, 자동차나 공장의 매연에 의한 이산화탄소 증가, 이산화황의 증가로 인한 변화는 인위적인 요인이라 할 수 있다.

사실, 자연적으로 발생하는 이상기상이라 불리는 현상들은 지구가 스스로 평형을 유지하기 위한 행동으로 볼 수 있다. 지구는 마치 살아있는 생물처럼, 한쪽이 너무 뜨겁거나 차갑던지, 너무 가물거나 홍수이면, 대기와 해양을 움직여서 스스로 정화하여 평형을 유지하려 한다.

〈그림 4-1-1〉 필리핀의 피나투보화산 폭발(1991)에 의한 화산재

우리 인간의 입장에서는 태풍 등의 이상기상으로 피해를 입지만 지구 전체로 볼 때 그러한 것들은 자연적인 평형유지 작용을 하고 있다고 할 수 있다.

4-1-3 이상기상에 의한 기후변화

지난 한 세기 동안 지구 온도는 약 0.7도 상승했다. 하지만 최근의 기온 상승은 자연적 요인에 의한 것이라기보다는 지난 산업혁명 이후 누적되어 온 인위적인 요인에 의한 영향이 크다고 할 수 있다. 인류문명이 근대화되면서 화학연료, 즉 석탄, 석유, 천연가스 등의 사용이 급증하게 되고, 교통기관에 의한 배기가스, 개간을 위한 삼림채벌의 증가로 온실기체가 증가하고 이로 인한 대기 조성의 인위적 변화가 기상변화에 막대한 영향은 끼치고 있다. 또한, 최근 냉매제, 발포제 또는 세정제로 많이 사용하는 프레온가스도 기온상승을 유발하고 성층권까지 도달하여 오존층을 파괴시키고 있다.

가장 해결하게 어려운 지구 온난화 문제에 대한 대책을 수립하기 위해 1988년 12월 국제연합환경계획(UNEP)과 세계기상기구는 기후변화에 관한 정부간 협의체(IPCC; International Panel on Climate Change)를 구성하여 1990년 1차, 1996년 2차 보고서를 발표하였다. 이 보고서는 2100년에 지구의 연평균 기온은 2℃ 상승하고, 전 해양의 해수면은 평균 50cm 상승할 것으로 예상하였다. 그러나 이러한 IPCC의 보고서는 광대한 열대우림이나 목초지의 사멸로 인한 요인들을 제외한 것이어서 실제 기온상승은 더 올라갈 수 있다.

4-1-4 기후변화의 영향

기후 변화, 특히 지구 온난화로 인한 지구 생태계의 변화로

(1) 지난 100년 동안 지구의 평균 해수면은 10~25cm 높아졌다. 해수면이 상승하면 세계 인구의 70% 이상이 해안평야에 거주하기 때문에 수몰이나 염수의 침입으로 경제적, 물리적 혼란이 생길 수 있다.

(2) 지구상의 생태계가 급속한 기후변화로 크게 위협받게 될 것이다. 지구 평균기온이 높아지면 숲이 지닌 고유의 기능과 구성이 사라지고 산불 등의 피해를 입을 것이다. 사막은 더욱 뜨거워져 고온에서 생존해왔던 생명체들도 살아남기 힘들게 될 것이다. 산악 종들과 생태계는 더 높은 곳으로 옮겨가고 산꼭대기에서 살던 생명체들은 멸종할지 모른다. 극지방에선 빙하가 줄어들고 빙산이 낮아져 물개, 북극곰과 같은 동물들의 서식처가 감소할 것이다. 극지방의 희귀동물들이 멸종할 수도 있다.

(3) 기후변화로 인간 건강에 심각한 영향을 미칠 것이다. 기온이 높아지고 물 공급이 줄어들어 미생물이 잘 번식하면 콜레라나 살모넬라증 같은 음식이나 물과 관련된 질병이 증가할 것이다. 기온이 높아지면 말라리아를 전염하는 곤충들의 서식범위가 넓어져 말라리아 발생건수가 증가할 수 있다.

(4) 지구온난화와 기후변화로 엘니뇨를 더 강하게, 더 빈번하게 발생시킬 가능성이 있다. 엘니뇨 양상의 변화는 태풍의 진로를 바꾸고 가뭄과 홍수 등을 야기 시킬 수 있다.

4-2 엘니뇨 현상

4-2-1 엘니뇨란

엘니뇨(El Niño)는 스페인어로 어린 남자 아이 또는 아기예수를 의미한다. 엘니뇨가 남미 페루 등에서 매년 크리스마스를 전후해 나타나는 경우가 많았기에 붙여진 이름이라고 한다.

남반구의 페루와 에콰도르 해역 부근은 적도 부근이면서도 수온이 평상시 낮은데, 이것은 봄~가을 이 해역의 해안에 평행하게 부는 남동무역풍이 남반구 중위도의 찬 페루해류를 연안으로 운반하고, 코리올리힘의 영향으로 표층의 따뜻한 해수를 외해로 이동(연안용승)시키기 때문이다. 그러나 크리스마스 때부터 이듬해 봄까지는 적도부근의 따뜻한 난류가 이 해역 부근까지 남하하여 해수 수온이 높아진다. 이것은 이 시기, 남동무역풍이 약해져 연안용승이 약해지고 적도부근의 따뜻한 해수가 밀려오기 때문이다.

남미 페루연안 부근의 해수는 평소 찬 저층수의 영향으로 영양염이 풍부해 안초비라는 정어리 어장이 형성되어 있다. 한편, 북쪽의 난류가 내려오면 평소 나타나지 않던 난류성 어류가 많아져 풍어를 이루게 된다. 페루 어민들은 이것을 크리스마스 선물로 생각하고 하늘의 은혜에 감사하는 뜻으로 이 난류를 엘니뇨 해류, 이 현상을 엘니뇨라 불렀다.

4-2-2 엘니뇨현상

엘니뇨현상이란 페루 연안에서 크리스마스 때부터 이듬해 3월까지 나타나는 계절적 현상인 엘니뇨와 달리, 수년에 한 번씩 동부 태평양 적도해역에 평년에 비하여 약 2~3℃ 가량 높아지는 대규모 고수온 현상이 나타나는 것을 말한다(그림 4-2-1). 보통 이들을 구분하기 위해 태평양 적도부근 해역의 해수면 온도가 0.5℃ 이상 높은 상태로 6개월 이상 지속될 때를 엘니뇨현상이라 한다.

과거에는 엘니뇨현상을 남미 연안의 국지적 현상으로 생각하였으나, 최근 전 지구적인 대기-해양 관측망이 정비되면서, 적도 태평양의 중앙부까지 이르는 대규모 현상임이 밝혀졌다. 그리고 이 현상은 열대 태평양지역의 기압 변동과 연관되어 대기대순환에 영향을 미쳐, 중·고위도를 포함한 세계 각지의 날씨에도 큰 영향을 미치고 있음이 밝혀졌다.

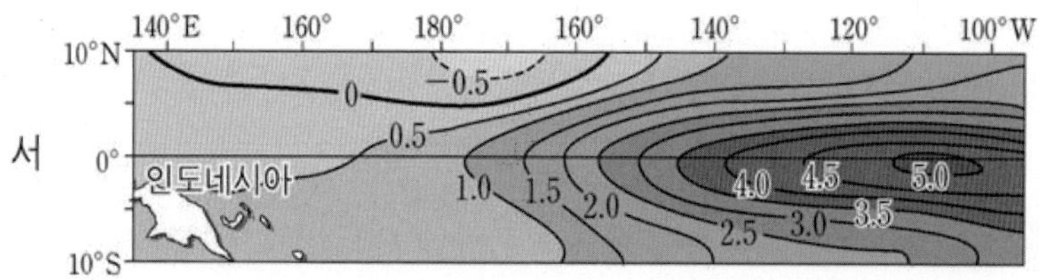

〈그림 4-2-1〉 엘니뇨현상 발생시(1997.12) 태평양 적도해역의 해수면 온도편차(℃) (NOAA/PMEL, 1997)

4-2-3 엘니뇨현상의 발생

(1) 평상시

〈그림 4-2-2〉의 평상시는 적도 태평양 상에는 동쪽에서 서쪽으로 무역풍이 불고 있다. 서쪽을 향하여 부는 강한 무역풍은 적도상 고온의 해수를 서태평양으로 운반함으로써 서태평양은 고온이 유지된다. 또,

무역풍이 따뜻한 물을 서쪽으로 운반하기 때문에 서태평양 난수층의 두께가 두꺼워져, 평상시는 동쪽보다 서쪽의 해면 수위가 40cm정도 높다. 한편 서쪽의 인도네시아 부근 열대해역은 높은 해수온도 상태가 유지되면서 상승기류가 발생해 대기에 많은 수증기와 열을 공급하여 저기압이 형성되고 많은 비가 오게 된다.

동태평양의 남아메리카 서해안은 무역풍에 의해 적도의 해수가 서쪽으로 운반되었기 때문에 이를 보충하기위해 남쪽의 찬 페루해류가 흘러오고, 또 바람에 의한 연안용승현상으로 저층의 찬 냉수가 해수면으로 상승하여 저온이 된다. 동태평양 연안은 찬 해수의 영향으로 하강기류가 생겨 비가 잘 오지 않는 고기압 상태에 놓이게 된다. 이 지상기압의 동서방향 기울기에 따라 대기 하층은 동쪽에서 서쪽으로 동풍이 불며, 상층은 반대로 서쪽에서 동쪽을 향하는 흐름이 존재한다.

(2) 엘니뇨 현상시

그러나 〈그림 4-2-2〉의 엘니뇨현상이 발생한 해에는 무역풍인 동풍이 눈에 띄게 약화되거나 약한 서풍까지 불어 서쪽으로 이동하는 해류도 약해진다. 따라서 서쪽의 난수층은 얇아지고, 동쪽의 난수층은 두꺼워진다. 난수층이 동쪽으로 이동하고 무역풍 약화로 용승현상도 약해져 태평양 적도해역의 중부와 동부 해수면 온도는 점차 상승하게 된다. 동태평양 수온이 상승하고 서태평양 수온이 하강함에 따라 서쪽에 존재하던 저기압은 동쪽으로 이동하고, 인도네시아 주변은 인도양상에 있던 고기압이 이동해 온다. 즉, 해양의 열원이 이동함에 따라 대기 대류 활동이 변해 지구 전체의 대기 순환 변화가 일어나게 된다.

한번 동태평양의 해수면 온도가 상승하면 이처럼 대기 순환 구조가 바뀌어 다시 무역풍을 약화시키며, 이러한 해양과 대기 사이의 상호작용은 1~2년 정도 지속되다 쇠퇴하게 된다.

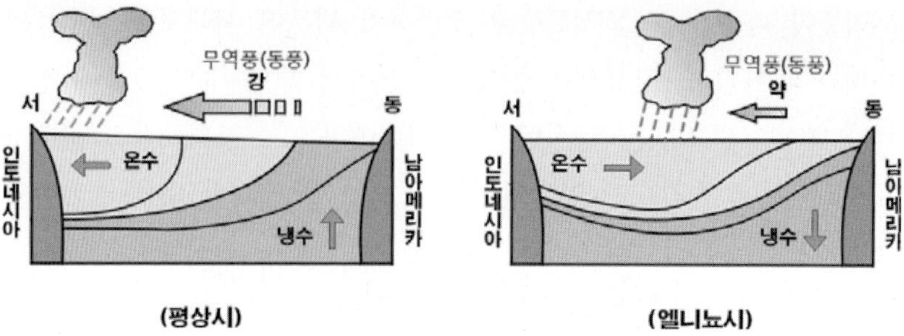

〈그림 4-2-2〉 엘니뇨현상 모식도

4-2-4 엘니뇨현상의 영향

3년~7년 주기로 엘니뇨현상이 발생하면, 열대 태평양상의 대기가 해수면으로부터 평년보다 더 많은 에너지를 공급받고, 이 증가된 에너지를 중, 고위도로 수송하기 위한 대기 순환이 더 활발해진다. 특히 열대지방의 강수 형태가 태평양상의 증발량 변화와 함께 크게 변화되면서, 평년과 달리 지구 여러 지역에 이상기상이 초래된다.

고온의 해면상에서 방출되는 강한 열기와 습기가 대기 중에 상승하여, 저기압이 장기간 머무는 지역은 집중호우, 폭설 등이 내리고, 고압대가 있는 지역은 심한 가뭄 같은 기상이변이 나타나게 된다. 인도네시아는 엘니뇨현상이 발생한 1997년 대규모 산불로 인해 오랜 기간 호흡기 질환에 시달렸으며, 주변 국가의 항공기 이착륙까지 금지되었다. 화전민들이 이동경작을 위해 불을 놓은 것이 비가 오지 않아 자연 진화되지 않았던 것이다. 오랫동안 주변국의 도움을 받아 진화했지만 이로 인한 경제적, 환경적 손실은 막대하였다.

금세기 최대의 엘니뇨현상으로 불렸던 1982~1983년에는 전 세계에 가뭄, 산불, 홍수, 태풍 등으로 2천여 명이 사망하고, 수천 명의 이재민과 약 12조원의 재산 피해가 발생하였다. 일반적으로 엘니뇨현상일

〈그림 4-2-3〉 수개월동안 계속된 인도네시아 산불과 브라질의 홍수

때, 필리핀~오스트레일리아 북동부는 건조해지고, 멕시코 북부~미국 동남부는 예년보다 비가 많이 내린다. 우리나라, 일본 등의 동북아시아지역은 장마기간 동안 강수량이 많고, 여름 기온은 낮으며, 겨울철 기온은 평년보다 높다. 또 태풍 발생 수는 평년보다 적어진다(그림 4-2-3).

4-2-5 라니냐현상

라니냐란 스페인어로 어린 남자아이를 뜻하는 엘니뇨의 여성 형으로 작은 소녀라는 뜻이다. 라니냐는 엘니뇨와 반대로 남미 페루 연안에서 동태평양 적도지역에 걸쳐 해수온도가 낮아지는 현상을 말한다. 적도 무역풍이 평년보다 강해지면 적도의 해수가 서쪽으로 더 많이 운반되고 따라서 이를 보충하기위한 남쪽의 찬 페루해류와 바람에 의한 저층냉수의 연안용승현상이 더 강해져 동태평양의 페루 연안은 평년보다 수온이 더 낮아지게 된다.

대체로 동태평양 적도부근 해역의 해수면 온도가 평년보다 0.5℃ 이상 낮은 상태로 6개월 이상 지속될 때를 라니냐현상이라 한다(그림 4-2-4).

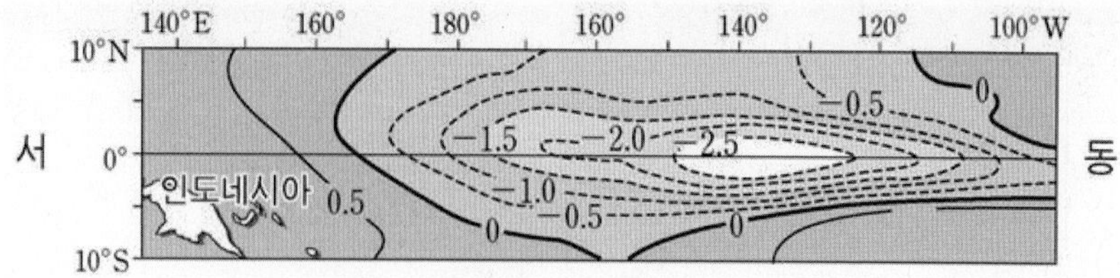

〈그림 4-2-4〉 라니냐현상 발생시(1998.12) 태평양 적도해역의 해수면 온도편차(℃) (NOAA/PMEL, 1998)

4-2-6 라니냐현상의 발생

라니냐현상이 발생하였을 때, 대기와 해양의 상태는 엘니뇨현상 때와 반대가 된다. 동풍이 평상시보다 강해져 서쪽을 향하는 해류가 강해진다. 따라서 서태평양의 해수면과 수온은 평년보다 상승하게 되고, 반대로 동태평양은 하강하게 되어 동쪽과 서쪽의 수온차가 더 커지게 된다. 무역풍의 강화로 동태평양 페루 연안의 연안용승현상은 더 강해진다.

가끔 엘니뇨현상이 종식되면서 라니냐현상으로 연결되는 경우가 있다. 1997～1998년의 엘니뇨현상이 1998년 여름에 끝나면서 바로 라니냐상태로 들어가, 1998～1999년이 라니냐의 해가 되기도 하였다. 라니냐현상의 영향은 엘니뇨현상의 영향과 반대가 되는 경향이 있으나, 엘니뇨현상만큼 명확하지 않은 편이다. 라니냐현상 발생 시 동남아시아 지역은 홍수가 자주 나고, 우리나라는 겨울철 기온이 더 내려가는 경향이 나타난다.

4-3 온난화 현상

현재의 기후는 제4기 빙하시대의 비교적 온난한 간빙기의 기후와 같다. 이 간빙기 중 가장 온난한 시대는 약 6,000년 전이었다. 이때의 중위도 지방 기온은 현재보다 약 2~3℃ 높았다고 추정된다. 그러나 지금의 지구온난화는 이 2~3℃의 온도상승이 문제가 되고 있다. 이 정도의 온난화는 일찍이 인류가 경험한 적이 있는데, 왜 온난화가 문제일까. 그것은 지금 진행되는 온난화가 자연적 요인과 더불어 인위적 요인, 즉 온실효과기체 방출과 삼림파괴로 인한 요인이 추가되고 있기 때문이다. 과학자들은 2020년까지 과거 1,000년 동안에 비해 지구는 훨씬 더 더워질 것으로 예측한다. 실제 최근 100년 동안 지구 평균 기온은 약 0.5℃ 상승하였고, 2100년까지 1.0~3.5℃ 더 상승할 것이라고 한다. 만약 지구 온난화 현상이 계속되어 해수면 상승 속도가 가속되고, 기후대가 점차 열대로 변한다면 앞으로의 기상 변화는 현재 과학기술로도 예측하기 힘들다. 기상학자들은 현재 100년 동안의 지구의 평균 기온 상승이 기후 변화에 따른 자연 현상인지, 아니면 화석 연료 사용 등으로 인한 인위적 현상인지 명확히 구분 짓지 못하고 있다. 그러나 대기 중의 온실기체 증가가 지구온난화와 관계가 있는 것은 분명한 것 같다.

4-3-1 태양에너지

태양 복사가 지구 주변 공기 속의 열로 바뀌는 구조를 보면, 고체 지구는 태양으로부터 복사 에너지를 흡수하고, 데워진 지구는 그 열을 다시 복사에 의해 지구 표면 가까이의 공기에 전달하고, 따뜻해진 지구표면 부근의 공기는 대류 현상이나 공기 중 난류에 의해 지구를 둘러싼 전체 공기에 전달한다. 그리고 이것이 바람과 비, 눈을 내리게 한다. 태양은 이처럼 많은 기상현상에 직접 영향을 주고 있고 있다.

만약 지구에 도달하는 태양 에너지가 크게 증가하거나 감소한다면 어떻게 될까. 먼저 기상현상이 전혀 다르게 나타나, 푸른 하늘과 눈, 비도 없는 죽음의 세계가 될 것이다. 즉. 어떤 원인으로 태양 복사 열량이 지금보다 30% 정도 늘어나면 지구상 모든 물은 증발해 버려 기상현상은 나타나지 않게 되고 모든 동식물은 말라 죽어 버릴 것이다. 반대로 10% 감소하면 한 달도 지나지 않아 지구는 두께 1.6km의 얼음 층에 둘러싸이게 될지 모른다.

가상이지만 부주의한 인간 활동에 의해 오염되고 있는 대기나 우주 공간을 볼 때, 허구로만 돌릴 수 없다. 오염된 대기가 생명의 원천인 태양 에너지를 몇 % 감소시켜 지구가 차가워지고, 또 오염된 대기가 열을 보존하여 지구 표면 온도를 상승시킬 가능성은 충분히 있을 수 있다.

4-3-2 지구의 열평형

지구로 오는 전체 태양 복사에너지의 약 절반은 주로 0.4~0.7μm의 파장이 짧은 전자파로 단파복사 혹은 단파라 한다. 대기나 지구표면은 이 단파 복사에 의해 끊임없이 태양에서 열을 받고 있지만, 지표나 대기 온도가 무한히 상승하지 않고 균형이 이루어지는 것은 대기나 지표면 그리고 구름에서 지구 바깥을 향해 에너지가 방출되고 있기 때문이다. 균형 상태를 생각하기 전, 먼저 지표나 대기의 에너지 방출 구조는 태양과 다소 차이가 있는 것을 살펴보자.

지표면이나 구름 온도는 태양 온도에 비해 아주 낮아, 이 물체에서 복사되는 전자파의 최대 파장은 약 10μm의 파장이다. 태양의 복사가 파장이 짧은 전자파인데 비해, 지표면이나 구름에서의 복사는 파장이 긴 전자파이다. 이것을 장파복사 혹은 장파라 한다. 지구로 들어온 태양에너지의 일부는 그대로 대기를 통과하여 대기나 지표면에 흡수된 후, 가열된 지구에 의한 지구복사로 대기나 우주 공간으로 다시 나가, 지구 전체의 열 균형이 이루어진다. 이것을 위도에 따라 보면, 대략 40도보다 낮은 위도는 지구복사로 잃는 열 보다 얻는 열이 많고, 고위도는 그 반대이다. 따라서 저위도는 열이 점점 쌓여 온도가 무한히 상승할 수밖에 없으나 대기의 흐름 즉, 바람이 열을 고위도로 운반해 가므로 저위도에 열이 모이지 않고 고위도도 온도가 무한히 낮아 질 수 없게 된다.

4-3-4 온실효과

만약 지구에 대기가 없었다면 지구는 달과 같이 생물이 살지 않는 황량한 혹성에 지나지 않을 것이다. 태양광선이 비치는 낮의 적도 아래 지역은 100℃가까이 상승하고, 야간은 -130℃까지 식을 것이다. 지표면의 평균온도는 약 -19℃가 될 것이다. 그러나 현재 지표면 온도는 평균 약 15℃로 유지되고 있다. 이것은 대기가 존재하기 때문이다. 대기 중 수증기나 이산화탄소는 지표면의 장파복사를 흡수하여 지표면으로 다시 방출한다. 따라서 지표면은 태양의 단파복사와 대기의 장사복사 열을 모두 받는다. 따라서 [지표면의 장파복사에 의한 방출↑열량]=

[태양복사로 지표면이 받는↓열량] +[대기의 장파복사로 지표면이 받는 ↓열량]이 되어 지표면 온도는 점차 상승한다.

즉, 이런 과정을 통해 지표면의 열이 평균온도 15℃라고 하는 평형 상태를 유지하게 된다. 다시 말해, 대기 중 지표면을 향해 장파복사를 하는 물질이 없다면 지표면 온도는 높아지지 않고 또, 너무 많으면 지표면 온도는 점점 상승하게 된다. 이것이 온실효과이다(그림 4-3-1). 유리가 있는 온실은 태양의 단파복사(햇빛)는 잘 통과시키나, 온실 내 지면에서 복사되는 장파복사는 통과시키지 않기 때문에, 야간에 열이 저장된다. 즉, 대기 중에 포함된 수증기나 이산화탄소가 이 온실의 유리와 같은 역할을 해, 지표면에서 방사되는 장파복사를 통과 시키지 않는다.

이 효과는 매우 커, 앞에서 전 지구 평균 기온 -19℃(대기 중 수증기

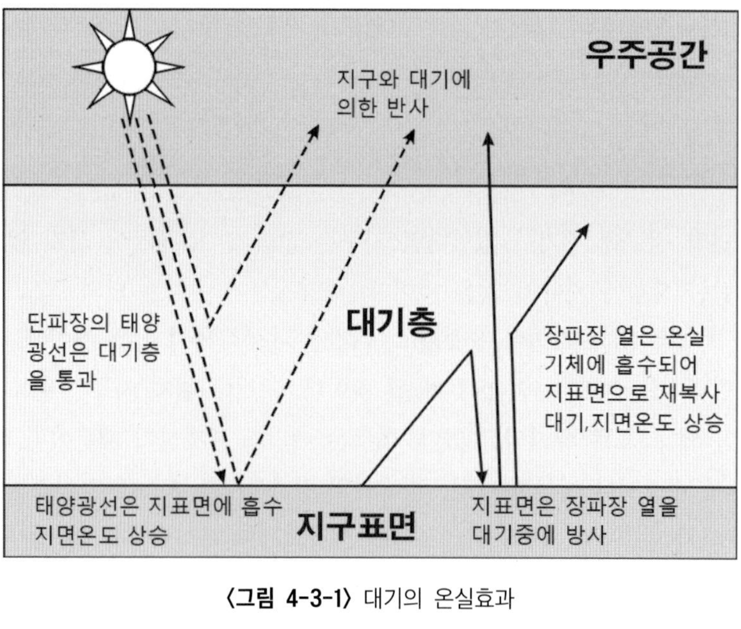

〈그림 4-3-1〉 대기의 온실효과

나 탄산가스가 없다고 했을 경우)를 현재 평균 약 15℃의 우리들이 살기에 알맞은 온도까지 상승시켜 놓았으므로, 이를 고려하면 이 온실효과는 대략 34℃에 이르게 된다. 겨울 야간에 구름이 끼어 있으며 아침에 그다지 춥지 않으나, 날씨가 맑을 때는 매우 춥다. 구름이 지표면의 방출 열을 흡수하여 다시 지표면 아래로 재복사하기 때문이다. 그러면 온실 효과가 큰 대기 중 수증기와 이산화탄소의 농도가 증가했을 때를 생각해 보자. 대기 중 수증기가 증가하면 곧 구름과 비가 되어 지상에 내려오고 지구상 물의 순환과정을 거친다. 인간이 인위적으로 물을 만들어내지 않는 한 지구상 물의 양은 어떤 형태로든 균형을 유지하게 된다. 문제는 이산화탄소와 같은 지구 기온을 상승시키는 온실기체이다.

4-3-4 온실기체

수증기를 제외한 자연적으로 발생하는 온실기체는 이산화탄소(CO_2), 메탄(CH_4), 아산화질소(N_2O), 오존(O_3)및 합성기체인 수소불화탄소(HFCs), 과불화탄소(PFCs), 육불화황(SF_6 ,성층권 오존 비파괴물질)과 염화불화탄소(CFCs), 수소화염화불화탄소(HCFCs, 오존 파괴물질, 프레온) 등이 있다. 그 외 일산화탄소(CO), 이산화질소(NO_2), 이산화황(SO_2), 대류권오존 (Tropospheric O_3, 대류권 대기오염물질) 등이 있다. 이 가운데 기후변화협약에서는 이산화탄소, 메탄, 아산화질소, 수소불화탄소, 과불화탄소, 육불화황을 6대 온실기체로 지정하였다.

〈그림 4-3-2〉는 1978~2002년의 이산화탄소, 메탄, 아산화질소, 수소불화탄소, 과불화탄소 농도의 증가를 나타낸다.

이러한 온실기체들은 기체별로 지구온난화에 기여하는 정도가 다르며, 일반적으로 이산화탄소를 기준(1kg)으로 각 기체별 기여정도를 명

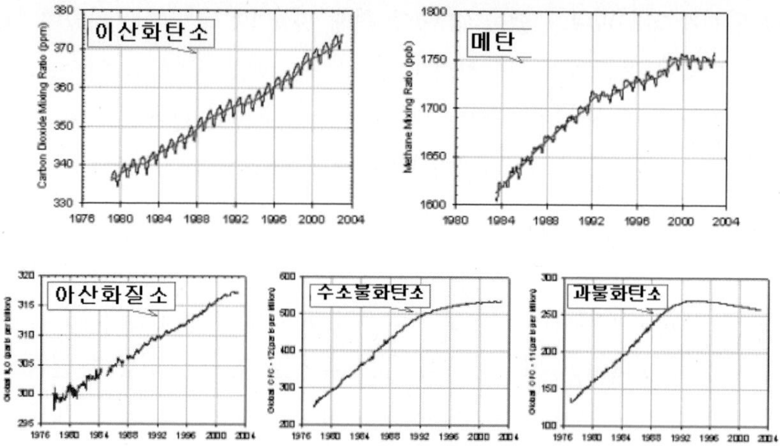

〈그림 4-3-2〉 1978~2002년 온실기체 농도의 증가(NOAA, 2002)

시한 것을 지구온난화지수(GWP, Global Warming Potentials)라 한다. IPCC 제2차 평가보고서(1995)에 따르면 이산화탄소 1, 메탄 21, 아산화질소 310, 수소불화탄소 150~11,700, 과불화탄소 6,500~9,200, 육불화황 23,900 등이다. 각 국가는 온실기체 배출량을 산정할 때 기체별 지구온난화 지수를 고려하여 이산화탄소를 톤 단위로 산정하고 있다.

이산화탄소는 인위적 온실효과에 60% 이상의 책임이 있다. 석탄, 석유, 천연가스와 같은 화석연료 에너지를 사용하면 화석연료를 사용하지 않던 옛날보다 훨씬 많은 이산화탄소가 생겨난다. 나무를 베거나 산에 불이 나도 대기 중에 이산화탄소 농도가 높아질 수 있다. 메탄 역시 주요한 온실기체로, 인위적 온실효과에 15-20% 정도 책임이 있다. 메탄은 주로 논농사, 목축 같은 농업분야와 늪지, 석탄층, 폐기물 등에 의해 나온다. 아산화질소, 불화탄소 종류도 나머지 20%의 역할을 한다. 아산화질소는 비료를 사용한 집약농업에서 나오고 불화탄소 종류는 냉매나 산업공정에서 발생한다.

4-3-5 지구온난화의 영향

자연적 요인에 의한 온난화는 생태계에 큰 혼란을 가져오지 않지만, 인위적 요인으로 인한 온난화는 급격히 진행되므로 생태계가 파괴되고 해수면상승이 빨라질 우려가 있다. 인위적 지구온난화 과정은 광범위하고 복잡하지만 ① 인간 활동으로 대기 중 방출되는 미량화학성분량 증가 ② 대기 중의 대기미량성분 농도 증가 ③ 대기미량성분 증가에 의한 적외선 흡수량 증가 ④ 이로 인한 지구평균온도 상승과 기후변동, 해면상승 ⑤ 그 결과 초래되는 자연생태계 및 농업생태계에 대한 영향, ⑥ 사회, 경제적 영향 등으로 간추려 볼 수 있다.

지구의 연평균기온이 계속 올라가면 땅이나 바다 속의 각종 기체가 대기 중에 더욱 많이 흘러나올 것이다. 이러한 피드백 효과는 온난화를 더욱 빠르게 진행시킨다. 지구의 허파라 불리는 아마존 지역은 축

〈그림 4-3-3〉 해수면 상승으로 인한 해일

산업을 위한 벌목과 농경지 확대를 위한 삼림벌채로 매년 엄청난 양의 숲이 사라져 지구온난화를 가속화시키고 있다. 눈이 녹고 있는 킬리만자로와 히말라야, 죽어가는 빅토리아 호수, 사막화 되는 중국 윈난성, 그리고 해수면상승으로 국토가 서서히 바다에 잠기어 환경난민 국가가 될 운명의 투발루 공화국 등은 현재 지구온난화로 인해 발생하는 기상재해의 사례들이다(그림 4-3-3).

세계적 환경운동가 겸 저널리스트인 마크 라이너스는 '지옥으로 가는 여섯 단계(Six steps to hell)'라는 글에서, 지구온도가 1℃ 상승하면 미 대륙 서부는 가뭄이 극심해져 사하라 사막과 유사하게 되고, 킬리만자로 만년설은 모두 녹아 아프리카는 더 이상 얼음을 볼 수 없게 된다. 2℃ 올라가면 그린란드의 얼음이 녹아 평균 해수면이 7m까지 상승하고, 산호초가 사라지는 등, 현존 생물의 1/3이 멸종하게 된다. 5℃ 올라가면 지구는 5,500만 년 전 상태로 돌아가 캐나다에서 아열대종인 악어와 거북이 발견되고, 남극 중앙에 숲이 생긴다. 6℃까지 상승하면 지구는 2억 5,100만 년 전 페름기 말과 비슷해져 현존하는 생물종 95%가 사라질 것이라는 경고를 내놨다.

4-3-6 지구온난화의 주범

온실기체 배출의 주범은 누구일까. 대부분의 국가들은 에너지부문을 주범으로 지목하고 있다. 산업부문이 그 다음이고, 교통부문, 농업, 임업 등도 책임이 있다. 지구 차원에서 가장 많은 양의 온실기체가 에너지부문에서 배출되므로 온실기체 저감대책은 바로 이 에너지부문에 집중되어야 한다.

에너지소비 줄이기는 인간이 초래한 지구온난화현상의 중지를 돕는 가장 손쉬운 방법이다. 그러나 인구가 계속 증가하면 에너지절약을 통한 성과만으로 기후변화를 막기 어려울 것이다. 따라서 대체에너지 개발을 서둘러야 한다. 정부는 지속가능한 에너지정책을 연구하고 대체에너지개발과 보급을 촉진하는 정책을 펴야한다. 산업체는 첨단기술로 온실기체를 줄이는 일에 최선을 다하고, 환경단체는 기후변화문제와 그 해결대안에 각별한 관심을 가지고 전 인류를 상대로 계도해야 한다. 현실적으로 온난화와 이에 수반하는 기후변동의 연구는 이제 겨우 시작 상태이며, 기초연구와 영향 대책이 동시에 진행되고 있는 실정에 있다.

4-4 산성비 현상

4-4-1 산성비(Acid Rain)란

산성비가 지금 지구에 내리고 있다. 순수한 물은 중성으로 pH(수소 이온 지수) 7로 표시한다. 7보다 큰 숫자는 알칼리성, 7보다 작으면 산성이다. 산성비란 공기 중에 있는 화학 물질이 비와 만나 결합하여 pH 5.6 이하의 산성을 가지는 비다. 즉, 산성비라 하는 것은 우리들이 마시고 있는 오렌지 주스나 튀김에 넣는 레몬즙이 하늘에서 내리고 있다는 것과 같다. 또, 최근에는 산성 눈이 내리거나 산성 안개, 산성 분진 등이 공기 중에 떠돌아 다녀, 산성비와 같은 피해를 준다. 산성의 액체는 그리스 조각상의 재료인 석고의 석회성분을 녹여 버린다. 이 산성비와 산성 안개에 의해 중요 문화유산인 고대 건축물과 불상 등이 큰 피해를 입고 있다.

산성비는 산업혁명이 일어난 19세기 영국에서 처음 관찰된 후, 각국의 공업화나 자동차수송이 폭발적으로 증가함에 따라 대기오염이 늘어나, 세계 각지에서 관찰되기 시작했다. 대기는 순환하고 국경이 없으므로 그 영향은 전 세계에 미친다. 따라서 산성비에 의한 피해는 각 국에 영향을 준다. 산성비는 삼림에 심각한 피해를 주는 데서 유럽에서는 녹색 페스트, 중국에서는 공중귀신이라 부르기도 한다(그림 4-4-1).

〈그림 4-4-1〉 산성비로 인한 산림피해

4-4-2 왜 산성비가 내릴까

보통 비도 약한 산성을 띠는데, 그것은 빗물 속에 공기 중의 이산화탄소가 녹아 들어가 탄산이라는 약한 산성 물질이 만들어지기 때문이다. 공장의 연기나 자동차 배기가스와 같은 화석 연료를 태울 때 나오는 유황산화물(SO_2), 질소산화물(NOx) 등은 공기 중의 산소나 수증기 등과 결합하여 황산이나 질산 등의 강한 산성 물질이 된다. 또, 화산이 폭발했을 때도 유황이 대기 중에 발생 한다. 유황산화물이나 질소산화물이 대기 중에 방출되면, 구름이 만들어 질 때 응결핵이 되기도 하고 빗속에 녹아들어 비의 입자가 된다. 이런 비는 보통비보다 훨씬 강한 산성을 띠게 된다.

4-4-3 산성비의 영향

산성비는 세계에 심각한 영향을 미치고 있다. 레몬즙과 같은 비가 내리므로 식물이 무사히 자랄 수 없다. 산성비로 인해 ① 광대한 산림이 말라 죽고 있다. 식물 잎의 반점과 광합성 저해, 꽃잎의 색이 탈색되는 등, 직접적인 피해를 준다. 나무가 뿌리를 통해 유해 성분을 흡수하게 되면 잎이나 열매에 함유된다. ② 하천이나 호수 속의 유해 중금속 성분이 많아진다. 흘러 들어간 중금속들은 수중 생태계에 잘 퍼져 들어가 먹이사슬을 통해 생물농축을 일으킨다. ③ 수중 생태계를 파괴시켜 고기가 살지 못하게 한다. 고기를 잡아 생활하는 사람들에겐 큰 타격이다. ④ 해당 지역에 살면서 이들 물을 음용수로 사용하는 사람들은 먹이 사슬을 통해 알루미늄이나 중금속에 의한 장애를 일으킬 수 있다. ⑤ 의류나 머리카락이 탈색되거나 탈모를 일으킨다. 눈병, 호흡기병을 일으키고 피부의 노화가 촉진된다. ⑥ 건축물과 각종 문화재의 부식을 촉진한다. ⑦ 토지가 산성화 되거나 토양 미생물이 제대로 활동하지 못해 거름기가 감소하여 작물의 수확량이 줄어드는 등의 심각한 피해를 초래한다.

4-4-3 산성비에 대한 대책

산성비에 대한 대책으로, 산성화 된 토지나 호수를 중성으로 되돌리고 수질을 정화해 고기가 서식할 수 있게 하는 방법 등이 강구되고 있으나, 그것보다 산성비의 원인인 황산화물과 질소산화물이 생기는 것을 줄이는 것이 더 우선이다. 그러기 위해서는 ① 대중교통 수단을 이용하여 석유와 같은 화석연료의 사용을 줄여 배기가스에 의한 공기오염을 줄인다. ② 가정이나 직장에서 연료를 효율적으로 사용해 에너지를 절약한다. ③ 공장이나 화력 발전소는 연기 중의 황 물질을 제거하는 탈황장치를 설치하여, 이산화황 등의 물질을 줄인다. ④ 자동차에 일산화탄소, 이산화황, 질소산화물 등의 대기오염물질이 배출되지 않는 정화장치를 개발하고 설치한다. ⑤ 화석 연료를 대신한 전기나 풍력, 태양열 같은 대체에너지 개발을 추진한다.

자동차 운전 시, 잠깐 주차할 경우에도 엔진을 끄는 것과 같은 우리들의 작은 노력과, 기업이나 국가가 국제적으로 협력해 산성비의 근원이 되는 물질을 더 이상 대기 중에 증가시키지 않도록 노력하는 것이 산성비를 줄이는 가장 빠른 길이다.

4-5 사막화현상

개발도상국들이 경제발전을 위해 자국의 원목을 무분별하게 베어 수출하기 시작하면서, 울창한 열대림이 훼손되고 있다. 특히 동남아시아와 남미지역의 열대림이 훼손되어 그 지역이 사막으로 변해 가고 있다. 이 지역의 열대림이 훼손되는 것은 지구 전체의 산소공급에 중대한 위기를 초래하고 있다. 따라서 열대림의 훼손은 특정 국가만의 문제가 아니라 지구 전체의 환경에 큰 위협을 가하고 있다.

4-5-1 사막화현상이란

사막화현상이란 기후 변화나 인간 활동으로 인해 토지가 황폐해지면서 생산성을 잃고 사막 환경화하는 현상이다. 국가연합은 불충분한 강우 또는 토양의 건조로 식생이 매우 적거나 그럴 우려가 있는 지역을 사막으로 정의하고, 토지의 생물생산력이 감퇴 내지 파괴되어 결국에는 사막과 같은 상태가 되게 하는 과정을 사막화로 정의하였다.

사하라 사막은 기원전 5000년 전 경, 녹색사하라로 불린 시기가 있었다. 이 시기에는 현재보다 평균 기온이 1℃ 정도 높았고, 비도 많이 내렸다고 한다. 현재 알제리 남서부 산악지역의 암벽에 조각되어져 있는 그림에는 당시 사람들의 모습 외에 하마나 악어 등의 대형 수생 동물이 그려져 있어, 현재의 사하라 사막 주위가 물로 덮여져 있었다는 것을 증명하고 있다. 그러나 현재의 사하라는 상공에 고기압이 정체하여 비가 오지 않는 상황이 계속되어, 결국 사막화가 이루어졌다.

세계 최대 사막화 지역은 사하라 사막 주변에서 아라비아 반도를 거쳐 중앙아시아로 이어지는 곳이다. 자연적 요인과 인위적 요인이 복합적으로 작용하여 발생하는데, 자연적 요인으로는 극심한 가뭄과 장기간에 걸친 건조화 현상이 있고, 인위적으로는 과도한 경작 및 관개(그림 4-5-1), 산림벌채, 환경오염에 의한 기후변화 등이다. 인위적 요인에 의한 기후적 요인으로는 지구 온난화 현상으로 인한 기후대의 이동도 있다.

사막화는 반 건조지역 중에서도 마을이나 도로를 중심으로 그 바깥쪽으로 퍼져 가는 경향이 있다. 그것은 과방목, 과 경작, 땔감용 수목의 벌채 등 인위적 식생 파괴가 원인이 된다. 사막화가 시작되면 대개가 복구가 불가능할 정도로 사막화가 가속화된다. 일단 식생이 상실되면 바람이나 물에 토양이 쉽게 침식되어, 영양분이나 수분을 공급할

〈그림 4-5-1〉 건조화로 인해 바닥이 드러난 아랄해

토양이 유실된다. 이런 토양은 식물들이 자라지 못하고 사막화는 더욱 가속화된다.

숲이 점차 사라지면 지표면의 태양에너지 반사율이 증가하고 이에 따라 지표면이 냉각되면서 온도가 낮아진다. 차가워진 지표면은 건조한 하강기류가 형성되고 강우량이 감소하여 토양의 수분이 적어져 사막화는 더욱 빠른 속도로 진행된다.

4-5-2 사막이 늘고 있다

UNEP(United Nation Environment Programs, 국제연합환경회의)에 따르면 지구 전체 육지 면적의 47.2%가 건조지역에 포함된다. 건조지역은 연 강수량과 증발량 비율을 지표로, 초건조, 건조, 반건조, 건

〈그림 4-5-2〉 아프리카 대륙에서 사막화가 진행 중인 지역

조반습윤의 4단계로 구분한다. 초건조~건조의 지역을 일반적으로 사막이라 한다. 사막은 전체 육지의 약 20%이며, 대개 위도 15~35°의 아열대 지역에 집중되어 있다. 현재 사막화가 진행되거나 위험지역은 초건조 지역 주변의 약간 습윤한 지역이다. 1991년의 보고에 의하면, 이미 사막인 지역을 제외한 건조지역 중, 약 20%의 지역에서 토양 황폐화가 일어났다. 또 약 50% 지역의 식생들이 황폐화에 노출되어 있다. 이를 모두 합치면 건조지역의 약 70%에서 매년 6만㎢의 토지가 사막화에 의하여 사라지고 있다. 〈그림 4-5-2〉는 아프리카 대륙에서 사막화가 진행되고 있는 지역을 나타낸다.

4-5-3 사막화현상의 대책

자연적으로 사막화가 된 경우는 어쩔 수 없지만, 인위적인 원인에 의한 사막화는 방지해야 한다. UNEP의 사막 방지 회의에서 세계 45개 지역의 사막화 현상을 조사한 결과, 이상 기후나 기상 조건의 변화로 사막화가 된 경우는 13% 정도이고, 나머지 87%는 인위적인 영향으로 추정하였다. 최근의 인위적 원인에 의한 사막화현상으로 ① 이산화탄소와 같은 온실효과 기체에 의한 지구온난화현상으로, 대기의 기온이 상승하여 사막화가 가속화된다는 것 ② 빗물의 산성화로 인한 토양 산성화로 식물이 살 수 없는 사막화로 발전되는 것 ③ 삼림 벌채로 인한 인위적인 사막화 등을 들 수 있다. 삼림 벌채의 대표적인 예는 아프리카 사하라 사막 남쪽 끝의 사헬(Sahel) 지방과 인도네시아, 브라질 등이다. 지구의 허파 역할을 하는 열대 우림의 삼림 파괴는 대기 중 이산화탄소량을 증가시켜 지구 온난화를 가중시킬 뿐만 아니라, 지구환경 오염의 모든 문제와 연관이 있다. 특히 사막화의 직접적인 원인이라고

할 수 있다.

사막화의 방지책은 식생의 회복이 가능한 초기에 빨리 세워야 한다. 한번 사막이 되어버린 토지를 다시 식물이 자라는 토지로 되돌리는 것은 매우 어렵다. 사막을 푸른 대지로 되돌리려는 연구는 진행되고 있으나, 실제 해결하기에는 어려운 문제이다. 사막화를 방지하기 위해서는 인위적 활동과 사막화 징후와의 인과관계, 인구증가와 환경용량 초과 여부, 토지의 지속가능한 이용 가능성 등을 정확히 파악하여 합리적인 관리와 지력개발이 뒤따라야 한다.

일기속담 한마디

맑은 날이 계속되면 사막이 된다

인생의 의미를 날씨에 비유한 속담이다. 고기압 역에서 항상 맑은 날이 계속되면 건조해져 사막이 된다. 항상 좋은 날만 있으면 오히려 불모의 땅이 되어버린다. 호사다마(好事多魔)다. 살다보면 맑은 날도 있고 흐린 날도 있다. 날씨가 변화무쌍한 것처럼 우리 인생도 신나는 일만 있는 것도, 그렇다고 늘 어렵고 힘든 일만 있는 것도 아니다.

불경(佛經)에 세상살이에 고난 없기를 바라지 말라고 하였다. 세상살이에 고난이 없으면 교만과 자랑하는 마음이 생겨나고, 교만과 자랑하는 마음이 일어나면 반드시 모두를 속이고 억압하게 된다고 하였다. '근심과 고난으로써 해탈을 삼으라' 하였다.

4-6 오존층 파괴

지구상 최초의 생명은 바다 속에서 태어났다. 이어 바다 속의 일부 미생물이 태양광선과 물과 이산화탄소를 이용해 산소를 만들어 내는 광합성을 시작하여, 산소를 공기 중에 방출했다. 산소는 처음부터 지구상에 존재했던 것이 아니라 미생물의 광합성에 의해 이후에 만들어 진 것이다. 이 산소의 존재가 생물을 지구상에 살 수 있도록 하였다.

태양으로부터는 열이나 광선 외에 인체에 유해한 자외선도 지구로 보내온다. 자외선은 피부를 태우는 역할뿐만 아니라, 인체의 세포에 작용해 암을 유발하거나 생명을 위협하는 대단히 유해한 물질이다. 이 유해한 자외선을 지상에 도달하지 않도록 상공에서 차단해 주는 역할을 하는 것이 산소가 형태를 바꾼 오존이다.

4-6-1 오존(O_3)층이란

오존이란 우리들이 호흡을 통해 끊임없이 체내에 흡입하는 산소가 형태를 바꾼 것이다. 산소(O_2)는 더 이상 분해하지 않는 최소의 미립자인 산소원자(O) 2개가 결합한 것인데, 오존(O_3)은 산소원자 3개가 결합한 것이다.

상공의 오존은 자외선에 의해 산소분자가 분리되어 발생한다. 분리된 산소원자(O)는 다시 부서지지 않은 산소분자(O_2)와 결합하여 오존

(O_3)을 만든다. 오존분자는 불안정하나 성층권에서는 수명이 길다. 자외선이 오존과 부딪히면 그것은 다시 산소분자와 산소원자로 나누어지며, 오존⇌산소의 순환 과정을 반복한다. 오존의 약 90%는 성층권에, 나머지 10%는 대류권에 포함되어 있다. 대류권 오존의 약 19%는 성층권에서 내려온 것이고 나머지는 다른 메커니즘으로 발생된 것이다.

오존 농도는 지표로부터 15~40km 부근이 최대로, 약 2~8ppm정도 이다. 대기 아래에서의 오존 함량은 이보다 훨씬 낮다. 이 오존층은 생명체에게 해로울 수 있는 단파의 자외선을 97~99% 흡수한다. 따라서 생물은 지상에서 자외선의 위험으로부터 벗어나 생활할 수 있다. 자외선은 파장에 따라 UV-A(0.4~0.32μm), UV-B(0.32~0.29μm), UV-C(0.29~0.2μm)로 나뉜다. 인간에게 매우 해로운 UV-C는 대략 35km 고도의 오존에 의해 완전 차단된다. 약간의 UV-B는 지표면에 도달하는데, 피부를 태우고 과다 노출되면 피부암이 생길 수 있다. 대부분의 UV-A는 지표면에 도달하나, 그다지 유해하진 않다. 그러나 이것도 잠재적으로 유전학적 손상을 유발할 수 있다.

4-6-2 오존층 파괴

대기 중 오존은 위에서 말한 것과 같이 자외선을 흡수하여 분리되는 광해리 과정에 의해 파괴된다. 그러나 성층권 오존은 염소(Cl)의 순환반응 $[Cl + O_3 \rightarrow ClO$(일산화염소) $+ O_2]$, $[ClO + O \rightarrow Cl + O_2]$ 에 의해 지속적으로 파괴되기도 한다. 이 대기 중의 염소는 우리가 주로 사용하는 프레온가스라는 염화불화탄소(CFCs)가 성층권에 도달한 뒤 태양빛에 의해 광해리 될 때 생성된다.

프레온가스는 대기권에선 비교적 안정적인 기체로, 냉장고, 자동차 에어컨의 냉매, 스프레이 추진제, 플라스틱의 발포성가스, 반도체칩의

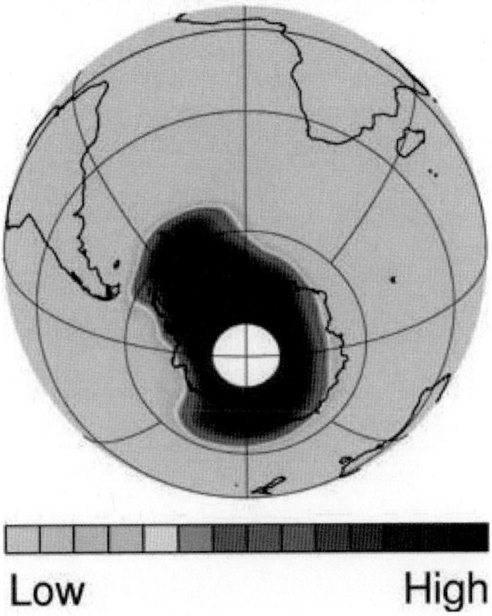

〈그림 4-6-1〉 남극 오존층내의 ClO의 농도(NASA/JPL, 2010)

세정액 등으로 널리 사용된다. 이 기체는 맛도 없고, 냄새도 없고, 독성도 없고, 불이 붙을 위험도 적은 매우 우수한 기체로 20세기 최대의 발명품이라고까지 불렸다. 대기 중 방출된 프레온이 성층권에 올라가 분해될 때 생성되는 염소원자는 오존이 형성되는 속도보다 10만 배나 빠르며, 염소원자 하나가 1만개의 오존을 파괴하고 70~100년 동안 성층권에 머무는 것으로 알려져 있다(그림 4-6-1).

4-6-3 프레온가스의 배출규제

오존층 파괴 방지 대책은 오존층을 원상 복귀시키는 것 외의 다른 방안이 없다. 오존층 파괴가 진행되어 지는 것이 명백해지고 난 후, 국가 간에 서로 협력하여 프레온가스의 생산을 단계적으로 금지하자는 결론을 내었다. 그러나 지금 즉시 프레온가스 방출을 중지 했다 하더라도, 프레온 가스의 수명은 약 100년 정도이므로 앞으로 100년간은 프레온 가스가 존재 할 것이다. 또 프레온 가스를 대체 할 대체 프레온이 개발되었는데, 이것은 프레온에 염소를 포함시키지 않거나 성층권에 도달되기 전 분해되도록 만든 것이다. 그러나 절대 안전하다는 보장은 없다. 오존층이 파괴되면 유해 자외선이 지구로 유입되어 지구 생명체를 위협하게 된다. 오존 1%가 감소하면 지표로 쏟아지는 유해 자외선의 양은 2%나 증가하여 피부암이나 백내장 발생률이 4~6%가량 높아진다.

4-7 열섬현상

TV 일기예보에 방송되는 도시들의 기온은 주변 교외나 시골의 기온보다 높다. 예를 들면 서울 도심지 가운데 빌딩이 늘어선 강남이나 종로지역의 기온과 숲이 많이 남아있는 한적한 교외지역의 기온을 비교해 보더라도, 그 달의 평균기온은 도심지역이 더 높다. 이러한 도시의 기온이 교외 지역의 기온보다 높아지는 현상을 열섬(Heat Island)현상이라 한다. 기상청 조사결과에 따르면, 서울에서 열섬 효과가 뚜렷하게 나타나는 지역은 종로와 서울역, 영등포역 일대로, 오전 6시 도심과 교외의 최대 온도차는 2~6℃에 이르는 것으로 알려져 있다.

4-7-1 열섬현상이란

도시에서 발생되는 인공열, 대기오염, 건축물 등의 영향으로 도시 상공에 주위보다 높은 온도의 공기가 섬 모양으로 덮여 있는 상태를 열섬현상이라 한다. 도심은 인근교외의 녹지가 많은 지역에 비해 태양열로 쉽게 달궈지며, 도시 내 공장, 주택, 자동차 등이 많아 연료를 연소시킬 때 많은 열이 발생하므로 주변보다 2~5℃ 가량 높은 온도를 형성하게 된다(그림 4-7-1). 이때 기온이 같은 지점을 연결시켜 보면, 높아진 도시 내 기온 분포가 섬의 등고선 같은 형태를 띠고 있어 열섬이라 부르게 되었다.

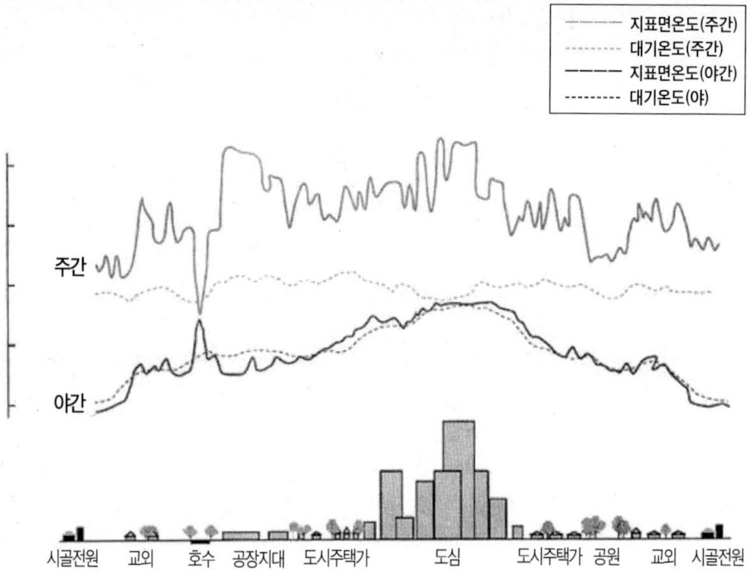

〈그림 4-7-1〉 지역별 낮과 밤의 지면온도와 대기기온 변화(US-EPA, 2009)

도시팽창과 인구집중으로 인해 좁은 지역 내에서 이루어지는 대표적인 기후변화 현상이다. 열섬 현상은 여름보다 기온의 교차가 심한 봄, 가을이나 겨울에 뚜렷하며 낮보다 밤에 심하게 나타난다. 특히 하루 최저기온의 상승이 현저하여, 더운 한여름 밤 잠들기 힘든 도시기온의 특색인 열대야도 대부분 열섬에서 나타난다.

4-7-2 열섬현상의 원인

그러면, 왜 열섬현상이 일어나는 것일까. 도시와 교외는 오래전부터 기온, 습도, 바람 등의 기상요소에 차이가 있다고 알려져 있다. 최근 인구증가와 도시집중화, 활발한 인간 활동에 의해 도시 고온화 경향이 더욱 진전되어, 도시와 교외의 기상이나 기후의 차가 더 심해졌다. 도시와 교외의 기온 차는, 하루 중은 야간이 크고, 1년을 보면 겨울철이 크며, 흐린 날보다 온화하고 맑은 날에 크다.

열섬현상은 ① 열용량이 큰 콘크리트 빌딩의 밀집과 아스팔트 포장 도로의 증대 등, 도시구조에 따른 지표면 열수지 변화에서 비롯된다. ② 자동차 배기가스와 같은 연료소비에 따른 인공열, 오염물질의 방출량 증가가 열섬현상을 부채질한다. 자동차 배기관을 통해 유출되는 배기가스는 100℃ 수준으로, 도시매연은 열섬의 중요한 원인물질이다. ③ 도시를 덮은 대기오염물질에 의한 온실효과와 ④ 도심부는 고층건물이 많고 요철이 심해 바람의 통로를 막고, 환기가 잘 되지 않는 것과 ⑤ 태양열을 식혀줄 녹지가 부족한 것이 그 원인이다.

4-7-3 열섬현상의 문제점

대기권 내의 온도는 지상에서 위로 갈수록 낮아지기 때문에 오염된 공기가 주변의 공기보다 따뜻하면 밀도가 가벼워 위로 상승한다. 따라서 자동차 매연이나 대기오염물질들은 지상에 체류하지 않고 상승기류에 섞여 위로 올라가 확산되게 된다. 그러나 만일 위층의 공기가 아래층의 공기보다 기온이 높으면, 오염된 공기는 상승하지 못하고 지상에 정체하게 된다. 이처럼 대기의 안정도는 오염물질의 확산에 영향을 미치며, 대기가 안정되어 있을수록 발생된 오염물질은 계속 축적된다.

열섬현상이 나타나면, 도심의 상공은 뜨거운 공기가 주변 상공의 찬 공기에 눌려 빠져나가지 못하고 뚜껑처럼 덮여 공기가 정체되게 된다. 따라서 배기가스를 포함한 대기 오염물질들도 함께 도심상공에 체류하면서 오염농도는 높아지게 된다(그림 4-7-2). 도시의 새벽조깅은 밤새 발생한 대기오염물질이 상승하지 못하고 지표 부근에 머물러 오염된 공기를 호흡하게 되므로 건강에 좋지 않다고 할 수 있다.

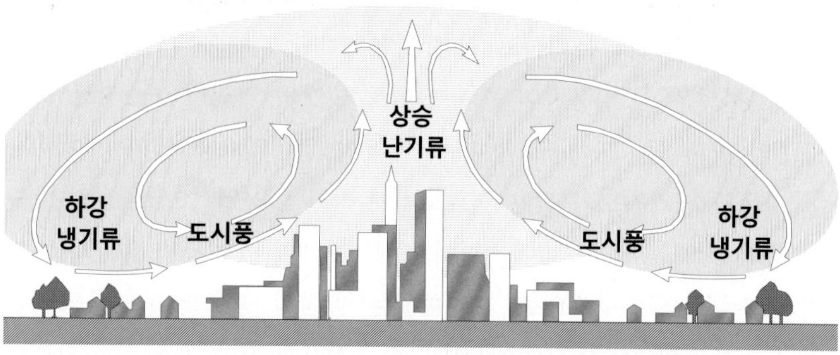

〈그림 4-7-2〉 열섬효과에 의한 도시 주변의 공기 순환모식도

4-7-4 열섬현상의 대책

도시기온의 급격한 상승은 생태계나 인간환경에 악영향을 주며, 대기오염을 가중시키는 역할을 하므로 열섬현상을 하나의 열 오염원으로 다루어 적극 대처해야 한다. 이를 위해 ① 정확한 열섬현상의 파악 ② 지역별 차량운행 제한과 각종 에너지원의 사용 제한 ③ 에어컨, 난방기 배출열과 같은 각종 인공열의 배출감시 ④ 열용량이 커, 흡수한 태양열을 적외선 형태로 다시 내보내 대기온도를 높이는 아스팔트 도로의 무분별한 건설 제한 ⑤ 주거, 상업, 공공시설과 같은 각종 콘크리트 인공시설물 건축허가 시, 건물에 대한 바람의 통로방해 여부에 대한 검토 ⑥ 수분 증발로 태양열을 흡수해 대기의 기온하강은 물론, 그늘까지 만들어 태양의 지표면 가열을 막아 주는 가로수 조성 및 건물옥상 등의 녹지화 ⑦ 각종 식물과 나무가 있는 녹지공간의 확충 등이 필요하다. 서울의 경우, 서울시 전체면적의 절반이 콘크리트로 덮여 있는데, 독일 베를린 도시의 34%와 비교할 때 많은 차이가 있다.

제5장
여러 기상의 구조

5-1 푄현상

푄(Fohn)현상은 습윤한 바람이 산맥을 넘을 때 고온건조해지는 현상을 말하는 것으로, 유럽의 알프스 계곡에서 유래되었다. 푄은 원래 독일의 알프스 산맥의 풍하 측에 나타나는 고온 건조한 국지 바람의 명칭이었으나, 세계 곳곳에 이 현상이 나타나 지금은 산의 풍하 측 사면을 따라 불어 내려오는 고온 건조한 바람을 모두 푄 바람이라 한다.

푄 바람의 종류로 우리나라는 봄에 북동쪽에서 불어오는 높새바람과 북미 로키산맥의 치누크(chinook), 스위스의 파보곤(favogon), 프랑스의 아스프르(aspre), 뉴질랜드의 캔터베리 북서풍(canterbury northwester) 등을 들 수 있다.

5-1-1 푄현상의 원리

푄현상은 산 밑으로 불어 내려간 공기가 산을 넘기 전의 공기보다 건조하고 기온이 5~10℃ 정도 더 높아지는 현상을 말한다. 습윤한 공기가 강제적으로 산의 경사면을 불어 올라갈 때, 이 공기는 단열팽창하면서 습윤단열감율(100m당 약 0.6℃)로 기온이 점차 하강한다. 공기 속의 수증기가 포화상태에 도달해 응결하면, 구름이 생기고 때에 따라서는 비가 오기도 한다. 정상에 도달한 공기가 산의 경사면을 따라 내려갈 때는, 단열압축되어 건조단열감율(100m당 약 1.0℃)로 온도

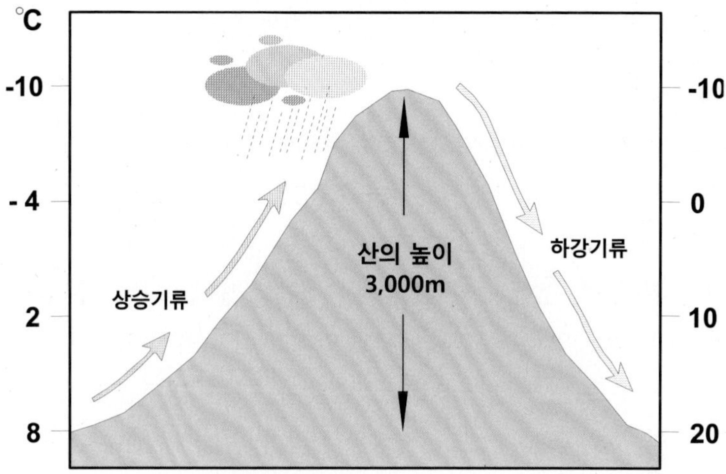

〈그림 5-1-1〉 푄현상 모식도

가 상승하여 습기가 없는 고온 건조한 바람이 된다. 이러한 공기의 변화 과정을 푄현상이라 하고, 이 바람을 푄 바람이라 한다. 바람이 불어 올라가는(풍상 측) 산기슭과 불어 내려오는(풍하 측) 산기슭의 기온 차는 풍상 측의 산 경사면에서 일어나는 수증기의 잠열 방출에 따라 결정된다(그림 5-1-1).

초여름(5월 중순~6월 중순 장마 전) 우리나라 동쪽에 오오츠크해 고기압이 위치하여 동풍 계열의 바람이 불 때, 태백산맥의 푄 영향으로 산맥 동쪽의 영동지방과 동해안은 기온이 낮고 습하나, 서해안과 영서지방은 기온이 높고 건조해 진다. 실제 우리나라 태백산맥을 중심으로 2가지 형태의 푄현상이 일어난다.

(1) 동풍이 태백산맥을 넘어 서쪽으로 이동할 경우

차고 습한 동풍으로 동해안이 흐리거나 비가 온 후, 고온 건조한 공기가 서울경기 지방이나 서해안에 영향을 주면서 날씨가 맑고 기온이 올라간다. 이때, 서울 기온은 30℃가 넘기도 한다.

(2) 서풍이 불 때

서해안이나 영서지방은 서풍으로 흐리거나 비가 온 후, 건조한 공기가 산맥을 내려가 단열 압축되므로 영동, 동해안지방은 기온이 올라간다.

이런 푄현상은 높은 산이나 산맥을 경계로 발생하므로, 우리나라의 한라산이나 미국의 로키산맥, 남미의 안데스 산맥, 유럽의 알프스 산맥 등 세계의 주요 산맥에서도 나타날 수 있다. 한편, 거대한 산맥의 영향으로 풍하 측의 고온 건조한 지역은 사막화 현상이 나타나기도 한다. 이런 현상을 비 그늘현상이라 한다. 세계의 사막지역들 중, 남미 안데스 산맥 서쪽의 태평양 연안에 위치한 아타카마(Atacama) 사막은 비가 오지 않는 고원으로 세계에서 가장 메마른 곳이다. 아타카마 사막은 칠레 연안을 흐르는 한랭한 페루 해류로 기온과 수증기가 적고, 안데스 산맥의 비 그늘로 인해, 약 2,000만년 동안 건조 상태가 유지되어 왔다(그림 5-1-2).

〈그림 5-1-2〉 칠레 연안의 아타카마 사막

5-1-2 우리나라의 높새바람

높새바람(푄바람)이 불면 잔디 끝이 마른다고 하는 일기속담이 있다. 높새바람은 원래는 북동쪽에서 불어오는 순 우리말이었으나, 지금은 푄현상을 나타내는 말이 되었다. 북쪽에서 부는 높바람과 동쪽에서 부는 샛바람의 중간이라는 뜻의 높새바람인 것 같으나, 어원은 확실하지 않다. 고온 건조한 바람에 가뭄에 강한 잔디도 잎 끝이 마른다는 뜻이다.

우리나라의 푄현상은, 북서계절풍이 탁월한 겨울철은 태백산맥 동쪽 경사면에서 나타나고, 오오츠크해 기단의 영향을 받는 늦봄~초여름은 영서지방에 나타나는데, 영서지방에서 푄현상에 의해 나타나는 고온 건조한 바람을 높새바람이라 불러왔다. 봄에 높새가 불면 여름과 같은 이상 고온 현상이 나타나 산불이 나기 쉬우며, 초여름에 불면 농작물이 말라 버리기도 한다.

높새바람이 나타나는 시기는 대체로 3월 중순~8월 초순이다. 특히 한반도가 오오츠크해 기단의 영향에 있거나, 고기압 중심이 동해, 또는 한반도 북부에 위치할 때 현저하다. 푄현상의 특성인 이상고온 건조 현상을 기준으로 볼 때, 영서와 영동 지방의 일 최고 기온차는 대략 5.0~7.5℃이나 14.5℃에 달한 경우도 있다. 최소 상대습도는 50%를 넘는 경우도 있으나 30% 이하가 2/3에 달한다. 높새바람은 6월에 강하나, 농민들은 밭작물의 파종과 이양기인 봄철에 더욱 심각하게 인식한다. 영서지방의 높새바람은 가끔 1주일 이상 오래 지속되기도 하나 그 절반은 보통 하루 안에 소멸 된다.

5-2 토네이도

태풍 외의 강한 바람으로 토네이도(용오름 혹은 회오리바람)나 우리 주변의 돌풍이 있다. 태풍은 수평방향으로 확대 되나, 토네이도는 수직 방향으로 커지는 것이 특징이다. 토네이도는 태풍과 비교할 때 규모, 수명, 이동거리가 극단적으로 짧다. 바람 규모는 훨씬 작지만, 토네이도와 유사한 것으로 돌풍이 있다. 학교 교정 등에서 자주 발생하기 때문에 본적이 있을 것이다. 교정이나 운동장 등의 넓은 지면이 태양열로 가열되어 작은 상승기류가 발생하면, 주변 공기가 기압이 낮아진 곳으로 불어 들어가 소용돌이를 만든다. 이것이 돌풍으로 나뭇잎이나 낙엽을 감아올리기도 한다.

동화 오즈의 마법사 중에서 주인공 여자아이 도로시는 미국 캔자스 주의 토네이도에 휘말려 하늘로 날아 올라갔다. 또 영화 트위스트는 토네이도를 연구하는 과학자들의 활약을 담았다. 토네이도는 대부분 미국 중서부 지방인 캔자스, 미주리, 오클라호마, 텍사스 주 등지에서 발생하고, 연평균 200여명의 사망자가 발생한다.

5-2-1 토네이도 현상

토네이도는 연평균 기온 10~20℃의 온대 지방에서 발생하는 경우가 많으며, 열대 지방에서 발생할 확률은 적다. 토네이도는 바다나 넓

〈그림 5-2-1〉 캐나다에서 발생한 토네이도(justin1569; en.wikipedia)

은 평지에서 발생하는 매우 강하게 돌아가는 깔때기 모양의 회오리바람이다. 대기의 소용돌이 현상으로 거대한 적란운의 아래층이 깔때기 모양으로 지상에 드리워져 집이나 가축, 바닷물 등을 감아올리는 바람기둥이다. 발생 조건은 갑자기 생긴 저기압 때문에 일어나고, 뇌우 등과 유사하다고 알려져 있으나 아직 자세한 것은 명확하지 않다(그림 5-2-1).

5-2-2 토네이도의 발생

토네이도는 강한 상승기류 내부의 기압이 낮아져 지표면의 공기가 하늘로 말려 올라가는 돌풍의 일종이다. 강한 상승기류가 나타나기 위해서는 대기 하층에 고기압이 정체하여 토네이도가 생성되기 전까지 대기가 매우 안정되어 있어야 한다. 산맥이나 지형이 복잡한 곳은 높낮이에 따른 기압 차가 커, 상승기류가 흐트러지므로 강한 상승기류가 쉽게 발생되지 않는다. 따라서 넓은 평지가 있는 곳에서 잘 발생하며, 산이 많은 우리나라는 육지보다 해상의 용오름 현상이 더 자주 발생한다. 미국은 평지가 잘 발달된 중부 내륙에서 잘 발생한다.

바람기둥의 직경은 보통 200m 정도이나, 2km를 넘기도 한다. 토네이도 내부의 기압은 매우 낮으며, 풍속은 태풍보다 강하여 순간 풍속이 150m/sec를 넘을 때도 있다. 주변에서 빨려 들어온 공기는 급격한 기압하강에 따른 단열 냉각으로 코끼리 코 모양의 깔때기구름이 만들어 진다. 건조한 지역에 생기는 토네이도는 깔때기구름이 생기지 않는 경우도 있다. 또 깔때기구름이 짧아 지면에 닿지 않는 토네이도도 있다. 미국에서는 주로 봄, 여름에 발생하는데, 진행속도는 보통 시간당 30~50km이고 수명은 짧다. 가장 살인적인 토네이도는 시속 100km, 이동경로 350km, 폭 1.5km로 1925년 3월 미주리, 일리노이, 인디애나 주를 통과하면서 689명의 인명 피해를 냈다.

5-3 뇌우

뇌우(Thunderstorm)는 급격한 상승기류에 의해 발생한 적란운 또는 그런 구름의 집합체에서 내리는 비로, 천둥과 번개를 동반하는 점에서 보통 소나기와 다르다. 뇌우는 국지적인 폭풍우이며, 강한 돌풍과 소나기성 강우 그리고 때때로 우박과 벼락이 치기도 한다. 뇌우의 수명은 짧아 2시간 이상 계속되는 것은 드물다.

5-3-1 뇌우의 발생

뇌우는 강수와 방전의 2가지 현상을 가진다. 심한 상승기류가 생기면 응결이 왕성하여 적란운이 발생하고, 이 적란운 속에서 강수와 방전이 일어난다. 방전은 적란운 속에서 전기분리가 일어나 구름과 구름 사이, 구름과 대지 사이에서 일어난다. 방전에 의한 천둥과 번개는 다량의 액체상 수적과 고체상의 얼음들이 -28℃보다 낮은 온도의 높이까지 운반될 경우에만 나타난다.

5-3-2 뇌우의 발생조건

뇌우가 발생할 수 있는 조건은 ① 온난 다습한 공기가 하층에 있어야 한다. ② 강한 상승기류가 있어야 한다. ③ 강한 상승기류가 일어나려면 높은 고도까지 기층의 기온감률이 커야한다. 발생하는 구조에 따

라 뇌우를 분류하면

(1) 기단성 뇌우(열뇌우)

국지적 가열에 의한 대류로 일어나는 것으로, 여름철 고온 다습한 북태평양 기단에 덮여있을 때, 기압경도가 완만하고 일사가 강하면 지상의 기온은 오후에 많이 상승한다. 열을 받은 공기가 상승하여 구름을 생성하며 이것이 발달되어 뇌우가 된다. 좁은 범위에서 급속히 발달하고 지속시간도 짧다. 강한 비바람과 방전이 일어나나, 밤이면 소멸된다.

(2) 전선성 뇌우(계뢰(界雷))

온난 다습한 공기가 전선면을 올라갈 때 생긴다. 이른 봄이나 늦가을에 나타나는 뇌우는 보통 이런 종류이다. 온난전선보다 한랭전선에서 더 자주 발생한다. 해상은 태풍 발생 시기를 제외한 늦가을~봄에 잘 나타난다. 따라서 봄에 나타나는 뇌우는 뇌우가 바다에서 육지로

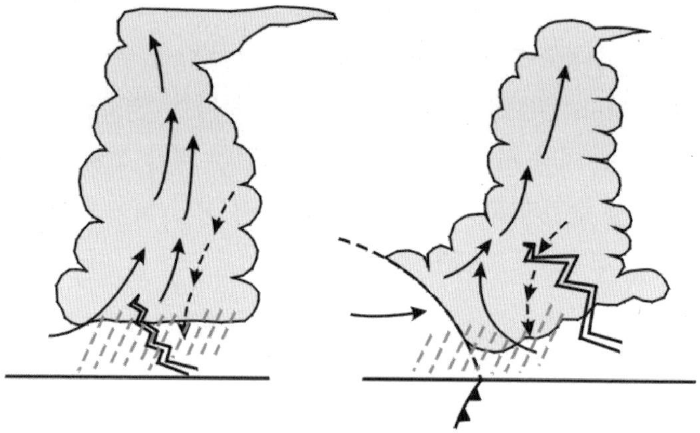

(A) 기단성 뇌우(열뇌우)　　(B) 전선성 뇌우(계뢰)

〈그림 5-3-1〉 기단성 뇌우와 전선성 뇌우

뇌우가 다가오면 돌풍이 불기 시작하고 하늘이 갑자기 어두워지며 번개가 치고 우박을 동반한 비가 내린다. 뇌운(雷雲)은 보통 직경 10km 정도로 작으며, 뇌운이 접근하면 기압은 점차 내려가나, 비가 쏟아지기 약 10분 전에 기압은 갑자기 2~3mb 정도 높아지고, 그 후 다시 서서히 내려가면서 비가 내리는 경우가 많다.

5-3-3 번개의 발생

번개는 공기 중에서 발생하는 불꽃 방전으로, 구름사이 혹은 구름과 대지 사이에서 일어난다. 큰 소리를 내는 천둥이 동반된다. 번개를 일으키는 구름은 적란운이다. 적란운을 구성하는 물방울이 대기 중을 하강할 때 상승기류로 인해 부서지면, 이 물방울 들은 양전기를 띠고 주위의 공기는 음전기를 띠게 된다. 즉, 물방울이 분열되면 물 분자 바깥의 가벼운 음전자가 떨어져 나가 물방울은 양전기를 띠고 주변 공기는 음전기를 띠게 된다. 한편, 양전기를 가진 물방울은 상승기류에 의해 구름 위로 올라가고 음전기는 아래쪽에 머무른다. 적란운의 상부 온도는 -20℃ 이하이고, 하부는 따뜻하고 습도가 높아 기류의 상승작용이 더욱 활발히 일어나, 상부의 물방울은 양전기를 가진 얼음의 결정을 이루게 된다. 구름의 상부와 하부에서 전압이 점차 높아지면, 구름 사이에 방전이 일어나면서 번개가 치게 된다. 구름과 지표면사이에 방전이 일어나면 낙뢰 혹은 벼락이 발생한다.

5-3-4 낙뢰가 생기는 과정

낙뢰가 발생하는 과정은 먼저, 구름 속의 양 전기가, 구름 밑 대부분을 이루는 음 전기 쪽으로 방전 된다. 이는 전기가 공기 속을 잘 흐르게 하는 길을 만드는 역할을 한다. 구름 밑 부분의 음 전기에 의해 지상에 양전기가 유도되고, 구름속의 음전기가 지상의 양전기와 합쳐진다. 이 때 위에서 만들어진 길을 따라 구름 위의 양전기가 대량으로 지상 위의 물체로 이동한다. 이 과정에, 구름 밑에서 지상으로 수없이 전기가 이동하여 마침내 지상에 도달했을 때 큰 전류가 흐르고, 다시 구름으로 되돌아온다. 이것이 낙뢰이다. 즉, 일방적으로 구름에서 지상으로 떨어지는 것이 아니라, 지상과 번개구름이 각기 손을 뻗혀서 서로 연결한다고 하는 편이 더 정확하다. 또 낙뢰는 1회만 지상으로 내려오는 것처럼 보이지만, 방전 때, 낙뢰는 번개구름과 지상을 몇 번이나 왕복하고 있다. 1/10 초 사이에 여러 번 반복되고 있기 때문에 육안으로 확인하기 어렵다.

규모가 큰 적란운에서는 5~10초 간격으로 번개가 치며 3~4개의 번개 중 한번은 낙뢰가 된다고 알려져 있다. 낙뢰로부터 특정 대상물을 보호하기 위해, 피뢰침(lightning rod)은 낙뢰를 끌어들이는 역할을 한다. 피뢰(避雷)라는 말의 사전적 의미는 낙뢰를 피한다는 것이나, 실제 기능은 그 정반대이다. 큰 죄를 저질렀을 때, 마른하늘에 날벼락이란 표현이 있다. 마른하늘의 날벼락은 관측자가 위치한 곳의 날씨는 맑지만 주위의 적란운에서 관측자가 있는 곳으로 비스듬히 번개가 치는 경우에 발생하는 경우로, 발생할 확률은 대단히 낮아 좀처럼 관측되기 어렵다.

낙뢰는 40,000~50,000 암페어의 전류를 가진 에너지 덩어리로, 100W의 전구 14,000개를 8시간 동안 켤 수 있으며, 1/1,000 초로 흐르는 순간적인 전류로 알려져 있다. 따라서 지금 같은 에너지 부족시대에 이처럼 많은 양의 자연에너지를 저장하여 이용할 수 있으면 얼마나 좋겠는가. 낙뢰 에너지 저장기술은 미래의 연구대상이다.

5-3-5 천둥소리

구름속의 번개는 전기가 흐르기 어려운 공기 속을 순간적으로 다량의 전기가 흐르면서, 그 통로가 되는 곳에 몇 만도의 열이 발생하며 빛을 발한다. 공기는 이 열 때문에 급격히 팽창하여 주위의 공기를 순간적으로 압축하며, 압축된 공기는 다시 되돌아가게 된다. 따라서 그 곳에 공기 진동이 발생하고 그 진동이 소리가 되어 들리는 것이 천둥이다. 즉, 전기가 방전될 때, 순간적으로 가열된 공기 분자가 팽창하면서 찬 공기와 부딪치게 되고, 이때 공기 중 강한 충격이 발생하며 소리가 난다.

천둥소리는 번개가 치고 난 뒤 얼마 후 들린다. 그 이유는, 음은 대기 중 약 340m/sec의 속도로 전달되나, 빛은 약 30만 km/sec의 속도로, 소리가 빛보다 느리기 때문이다. 천둥소리는 방전로를 따라 먼 곳까지 전해지면서, 복잡한 소리가 된다. 번개가 발생한 장소까지의 거리는 번갯불을 보고 난 후, 천둥소리가 들릴 때까지의 시간을 계산하면 구할 수 있다.

일기속담 한마디

뇌우 많은 해는 풍년

여름철 고온 다습한 북태평양 고기압이 왕성하면, 국지적 가열에 의한 대류로 뇌우가 자주 발생한다. 뇌우는 번개와 함께 강한 비바람이 친다. 대기 중에 번개가 치면 공중에 질산 및 아질산 가스가 생긴다. 이것이 비에 녹아 땅에 떨어지면서 토양이 비옥해지게 된다. 그래서 뇌우가 많이 발생한 해는 번개표 비료로 인해 풍년이 든다고 한다.

5-4 하늘의 색

대기 중에는 구름, 안개, 눈, 비와 같은 여러 기상 현상들이 나타난다. 그러면, 이 장에서는 하늘에 나타나는 색깔에 대해 살펴보자. 우리가 보는 햇빛은 여러 색깔의 빛이 골고루 섞여 있어 백색으로 느끼게 된다. 그런데 하늘을 바라보면 약간 푸르스름하게 보인다. 비가 온 후, 맑게 갠 하늘이나 가을 하늘은 유난히 더 푸르게 느껴진다. 왜 그럴까. 하늘은 날씨가 맑으면 푸르게 보이고, 흐리면 희뿌옇다. 구름은 어떤 때는 백색으로 빛나고, 어떤 때는 시꺼멓게 보인다. 하늘에 일곱 색깔 무지개가 보일 때도 있고, 해 주위에 둥그렇게 뿌연 테두리 같은 것이 나타날 때도 있다. 사막의 오아시스 근처에 신기루가 보이고, 북극과 가까운 나라들에서는 신비한 빛깔의 오로라도 나타난다. 이러한 하늘의 색과 관련된 모든 것은 태양 빛과 대기의 상태가 만들어낸 작품이다.

5-4-1 햇빛의 성질

빛은 간섭과 회절을 하는 전파와 같은 일종의 전자기파이다. 또, 빛은 에너지를 가지는 작은 알갱이로 서로 다른 진동수로 진동 하는 에너지 입자(광양자)의 흐름이기도 하다. 붉은 빛은 진동수가 적은 에너지가 작은 입자들의 흐름이고, 진동수가 큰 푸른빛은 에너지가 큰 입자들의 흐름이다. 이처럼 빛은 파동과 입자의 두 가지 성질을 모두 가진 물체이다.

여기서는 주로 빛이 간섭, 회절, 흡수, 산란 등을 하는 파의 형태로 설명하기로 한다. 눈에 보이는 햇빛(태양광선)이나 전구에서 나오는 빛들은 흰색이나, 이 속에는 모든 색이 다 존재하고 있다. 이 빛을 어떤 장치를 사용하면 일곱 가지 색으로 나누어진다. 유리 등을 재료로 해서 만든 삼각형 형태를 가진 이 장치를 프리즘이라 한다. 이 프리즘에 태양광선을 통과시키면 빛은 진행방향을 바꾸어 빨강, 주황, 노랑, 초록, 파랑, 남색, 보라색의 7색으로 나누어진다. 각각의 빛은 파장(파의 서로 인접한 봉우리 사이의 길이)이 서로 달라, 보라색에 가까울수록 짧은 파장을 가진다.

5-4-2 햇빛의 산란

앞장에서 잠깐 언급하였지만, 빛은 파의 성질을 가지기 때문에 어떤 입자에 부딪치면 그 진행방향을 바꾸는 성질이 있다. 태양으로부터 오는 백색광은 지구를 둘러싸고 있는 공기층에 닿아서 사방으로 튄다. 이를 빛의 산란이라고 하는데, 더 정확히 말하자면 공기를 이루는 산소, 질소, 수증기, 먼지 등과 같은 작은 알갱이들에 빛이 충돌해 사방으로 튀게 된다.

이러한 빛의 산란은 두 가지 법칙에 따른다. 첫째는 산란시키는 입자의 크기가 빛의 파장에 비해 비슷하거나 작을 경우이고, 두 번째는 산란시키는 입자의 크기가 빛의 파장보다 클 경우이다. 대기 중의 공기 입자는 첫 번째 경우에 해당하고, 대기 중에 떠있는 에어로졸, 먼지, 수적이나 구름 같은 경우는 두 번째에 해당한다.

태양 빛 중, 우리 눈에 보이는 가시광선 영역의 파장은 약 0.4~

0.7μm 정도이다. 붉은 색 계통의 파장은 약 0.7μm 부근이고 푸른색은 0.4μm 부근이다. 대기를 이루는 공기분자들의 대부분 크기는 대체로 이 가시광선의 파장보다 작다. 따라서 태양 빛의 산란은 첫 번째 경우인 레일라이(Rayleigh) 산란 법칙인 빛의 파장의 4제곱에 반비례하여 산란이 이루어지게 된다. 즉, 파장에 따른 선택 산란이 일어나, 빛의 파장이 작을수록 산란이 4배나 더 잘 일어나게 된다. 입자가 클 경우인 두 번째 경우는, 이러한 파장에 따른 산란의 차이가 없다. 대기 중의 질소나 산소는 0.4μm 이하의 자외선을 가장 많이 산란시키고, 그 다음으로 보라, 파랑, 노랑, 빨강과 같이 파장이 길어질수록 산란되는 양은 적다. 붉은색은 자외선 산란 정도의 약 10% 정도이다.

우리 눈에 보이는 물체의 색은 빛이 물체표면의 재질이나 상태에 따라 투과(흡수)되거나 산란(반사)되는 정도에 따라 결정된다. 모든 파장의 빛을 투과하는 건 검게 보이고 빨강색에 해당되는 파장만 산란하는 건 빨갛게 보인다. 낮에는 파랗게 보이는 물체(즉, 파란색 파장을 선택적으로 산란)이지만, 밤에 빨간 색의 빛을 비추면(빨간색 파장은 투과) 그 물체는 검게 보인다.

5-4-3 하늘이 푸르게 보이는 이유

태양빛이 대기 중의 미세먼지나 공기 분자에 닿으면 파장이 짧은 자외선과 보라색 빛일수록 산란하기 쉽다. 그러나 자외선은 오존층에서 대부분 흡수되고, 보라색 빛은 하늘 맨 위에서 산란하여 하늘이 보라색으로 보이는 예는 드물다. 다음으로 산란하기 쉬운 파장을 가진 푸른색 빛이 여기저기 산란하여 우리 눈에 들어오기 때문에 하늘은 푸르게 보인다. 등산하여 높은 산에 오르면 하늘색이 짙어져서 파란색이기보다 남색이나 보라에 가깝다. 이것은 지상보다 높은 곳에서는 짧은

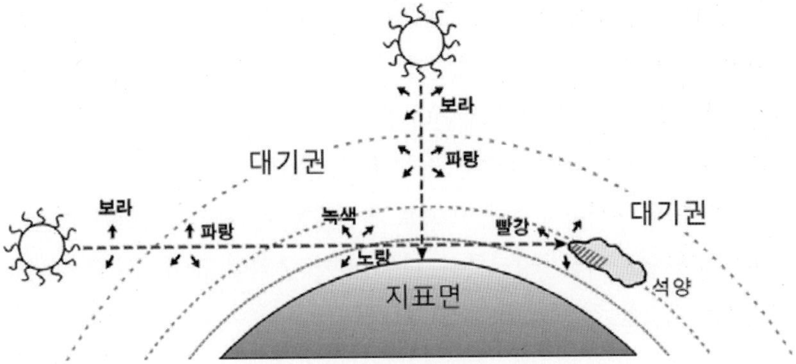

〈그림 5-4-1〉 태양빛의 선택산란

파장을 가진 보라색이나 남색 빛이 공기 분자에 부딪혀 더 많이 우리 눈에 들어오기 때문이다. 맑은 가을하늘은 봄에 비해 높고 푸르게 보인다. 이것은 대기가 안정된 상태에 있기 때문에 공기 중에 떠도는 먼지나 수증기의 양이 적어, 파장이 짧은 남색이나 푸른색 빛이 주로 산란 되어 짙푸르게 보는 것이다. 공기 중을 떠도는 수증기나 먼지가 많은 봄의 하늘은 푸른색 뿐 만 아니라, 파장이 긴 노랑이나 빨간색 빛도 함께 산란되어 하늘이 희뿌옇게 보인다(그림 5-4-1).

5-4-4 바다 색깔도 푸른 색

태양광선이 바다에 도달하면 적외선 계열의 붉은 빛은 파장이 길어 잘 산란되지 않으므로 물 속 깊이 투과(수심이 얕은 곳은 빨리 흡수된다는 의미) 된다. 푸른색 빛들은 일부만 투과되고 나머지는 물속 미세 부유입자에 부딪혀 산란하게 된다. 이 때문에 우리들 눈에 바닷물이 파랗게 보이는 것이다. 만약 물속에 아무런 부유입자가 없고 깊으면 모든 파장의 빛이 투과(흡수)되어 산란되는 빛이 없으므로 검게 보일 것이다. 쿠로시오(黑潮)는 적도에서 올라오는 맑고 투명한 물이다. 바다위에서 보면 검게 보인다. 그래서 일본인들이 옛날부터 검은(黑) 해류(潮)라 불렀다. 바다에 모래알갱이나 플랑크톤, 해조류가 많을 경우에는 태양광선이 이것들과 부딪혀 선택적으로 산란하여 바닷물 색깔이 달라진다. 황록색 바다 색깔은 물속에 영양염류나 녹색 플랑크톤이 풍부해 바다의 생산력이 높은 곳으로, 이 색을 바다의 목장색이라 한다. 반대로 바다에 식물플랑크톤이 너무 많이 증식해 많아지면 적갈색을 띠는데, 이것을 적조(赤潮)라 한다.

5-4-5 구름이 하얗게 보이는 이유

구름을 이루는 물방울은 공기분자보다 크며 다양한 크기를 가졌기 때문에 파란색 뿐 아니라 녹색, 노란색, 붉은색 모두를 차별 없이 산란시킨다. 따라서 구름은 하얗게 보인다. 모든 색을 합하면 검은색이 되지만 모든 빛이 합쳐지면 흰색이 된다. 크기가 다양한 물방울의 집합체인 구름이 모든 파장의 빛을 산란시키면 빛의 합성으로 흰색이 되는 것이다. 구름이 새하얗게 밝아 보이는 것은, 물 분자의 전자들이 인접한 물방울들과 서로 진동하여 공진현상을 일으키므로 밝게 보인다.

구름 두께가 두껍고 물방울 입자가 큰 먹구름의 경우는, 구름에서 산란되는 빛이 아래로 올수록 점차 적어져(모두 흡수되어), 구름에서 산란되는 빛의 양이 지면에서 볼 때 줄어들었기 때문에 검어 보인다. 바다 깊이 내려갈수록 점차 어두워지는 것과 같다.

5-4-6 아침이나 저녁하늘이 붉어 보이는 이유

해 질 무렵, 서쪽 하늘은 석양으로 새빨갛게 물든다. 하늘이 빨갛게 물드는 것은 앞에서 살펴본 하늘이 푸르게 보이는 것과 밀접한 관계가 있다. 일몰 시, 태양고도가 낮아져 지평선과 가까워지면 태양광선은 대기층을 통과하는 거리가 길어진다. 그러면, 태양광선이 대기 중에 존재하는 수증기나 먼지에 부딪힐 경우가 태양 고도가 높은 낮 동안 보다 많아져, 파장이 짧은 푸른색 계통의 빛은 대부분 대기 중에 산란해 버린다. 따라서 푸른 색 빛은 우리 눈에 거의 도달되지 않는다. 그 결과 파장이 긴 붉은 색 빛이 마지막까지 남아 우리 눈에 도달되게 된다(그림 5-4-1). 아침의 여명도 같은 이유로 동쪽하늘이 붉게 보이는 현상이다. 붉은 색 빛이 잘 산란되지 않고 멀리까지 도달되는 현상을 이용한 것이 자동차 뒤의 브레이크등이다. 붉은 빛은 날씨가 흐릴 때도 정지 신호를 효과적으로 멀리까지 전달할 수 있다.

5-4-7 석양이 있은 다음날은 맑다

속담에 석양이 있은 다음날은 맑다고 하는 말이 있다. 석양이 일어나는 조건은 태양이 지는 서쪽하늘이 맑게 개였다는 것이다. 구름이 많거나 상승기류가 발생해 수증기가 많으면 석양이 일어나지 않는다. 우리나라는 편서풍의 영향으로 일기가 서쪽에서 동쪽으로 이동해 오므로 서쪽하늘이 맑으면 다음날 맑기 쉽다. 반대로 아침 여명은 일기가 나빠지기 쉽다. 아침 동쪽 하늘이 맑으면 동쪽에 고기압이 존재하고, 서쪽에서 일기를 나쁘게 하는 저기압이 다가올 경우가 많기 때문이다. 단, 이 속담은 봄이나 가을에 잘 맞고, 여름이나 겨울에는 잘 맞지 않는다.

5-4-8 무지개

맑은 날 태양을 등지고, 분무기로 공기 중에 물을 뿌려보자. 보이는 각도에 따라 일곱 색깔 빛이 보일 때가 있다. 이 일곱 색은 하늘에 걸리는 무지개와 같은 원리로 보이는 것이다. 태양광선과 공기 중의 물방울이 무지개가 만들어지는 조건이다. 목욕탕 안에서 손가락 끝을 물에 담가보면 손가락이 굴절해 보인다. 이것은 빛이 수중에서 공기 중으로 나올 때 굴절되어 수중에 있는 손가락이 휘어져 보이는 것이다.

이처럼 빛은 다른 물질을 통과할 때 휘어지는 성질이 있고, 이것을 빛의 굴절이라 한다. 저녁 무렵 소나기가 내렸을 때, 태양광선은 공기 중에 떠돌아다니는 물방울에 부딪혀 그 진행방향이 굴절된다. 이때 빛의 파장에 따라 굴절되는 각도가 서로 다르므로, 태양 빛이 물방울에 반사되어 되돌아 나올 때, 각각 서로 다른 파장의 빛이 일곱 색깔 무지개 띠를 형성한다. 때로는 무지개가 무지개를 덮어 이중 무지개가 보이는 경우가 있다. 안쪽 것을 주 무지개, 바깥 것을 부 무지개라 한다. 주 무지개는 태양광선이 들어왔을 때 한번 반사되어 굴절된 것이다. 부 무지개는 두 번 반사한 후, 굴절되어 생긴 것이다. 따라서 색의 순서가 역전되어 주 무지개 바깥쪽에 생긴다. 무지개는 7색, 6색, 또는 5색이라는 논쟁이 있으나, 연속된 색을 나눈 것이므로 관찰하는 사람의 주관이나 문화의 차에 따라 무지개의 색깔 수가 다를 수밖에 없다.

5-4-9 햇무리 달무리

달이나 태양 주위에 희뿌옇게 둥근 테두리가 생기는 경우가 있다. 이러한 현상을 각각 달무리, 햇무리라 한다. 무리란 일반적으로 발광체 주위에 둥그렇게 나타나는 빛의 띠를 말한다. 이 테두리는 하늘 높은 데서 만들어진 빙정에 의해 생긴 구름 즉, 권층운이 있을 때 만들어진다. 권층운을 형성하는 빙정은 육각기둥 형태이고, 달이나 태양광선이 이 육각기둥의 빙정을 통과할 때 진행 방향이 꺾여 굴절된다. 이 굴절되어 나온 빛이 서로 합쳐져 달이나 태양 주위에 둥그런 테두리가 나타나게 된다. 대부분 밝고 희부옇게 보이는 경우가 많은데, 빛의 굴절이 많으면 무지개와 같이 보일 때도 있다. 빙정이 프리즘 역할을 하는 것이다. 테두리의 색은 안쪽이 빨간색이고 제일 바깥이 보라색이나, 바깥쪽으로 갈수록 희뿌옇고 선명하지 않다. 빙정의 결정 상태나 빛이 들어오는 방향에 따라 여러 형태로 나타난다.

달이나 태양 주위에 둥근 빛의 테두리가 생기면 비가 온다고 알려져 있다. 달이나 태양에 테두리가 생길 때는 상공에는 권층운이 존재하고 있다. 이 권층운은 저기압이 다가오고 있는 징조이다. 따라서 이 현상 후, 점차 저기압이 다가와 일기가 나빠지는 경우가 많다. 달무리나 햇무리는 비교적 봄이나 가을에 나타나는 경우가 많다.

5-4-10 신기루

신기루란 빛의 굴절현상 때문에 일어난다. 빛의 굴절이 일어나는 까닭은 물질에 따라 빛이 진행하는 속도가 다르기 때문이다. 빛은 공기 중에서는 빠르나, 물속에는 느리다. 같은 공기 중이라도 온도가 달라, 밀도가 차이 날 경우는 다른 물질을 지날 때처럼 굴절된다. 신기루는 서로 다른 공기층 사이에서 빛이 굴절하기 때문에 나타난다. 신기루에는 3가지 유형이 있다.

(1) 상방굴절 신기루

〈그림 5-4-2〉의 (A)와 같이 지면의 공기 온도가 차고 그 위의 공기가 따뜻할 경우(기온역전현상), 광선이 굴절하여 먼 곳에 있는 실물의 위치가 위로 솟아올라 보인다. 북극지방의 해면이나 봄에 눈 녹은 차가운 물이 유입되는 해만(海灣) 같은 곳에서 잘 나타난다.

(2) 하방굴절 신기루

〈그림 5-4-2〉의 (B)와 같이 지면의 공기가 가열되어 온도가 높고,

그 위의 공기가 차가운 경우, 상(像)이 그 아래쪽에 거꾸로 나타나는 현상이다. 사막이나 초원, 포장된 도로 등이 강한 태양열로 가열되어 전방에 실제 존재하지 않는 물웅덩이(오아시스)나 노면이 흔들리며 보이는 경우가 그 예이다. 실제 그 장소에 가보면 아무것도 없어, 흔히 '도망치는 물' 이라 부른다.

(3) 측방굴절 신기루

수평 방향으로 빛이 이상 굴절하는 것으로 수직 벼랑이 햇빛을 받아 뜨거워진 경우나, 해안의 수평 수온 분포가 다를 경우 나타난다.

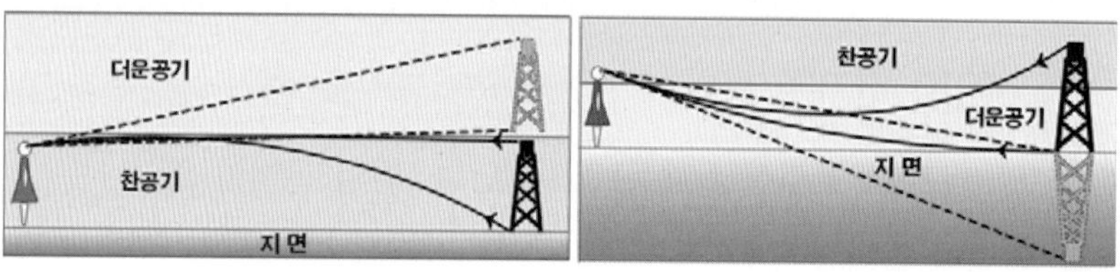

(A) 상방굴절 신기루　　(B) 하방굴절 신기루

〈그림 5-4-2〉 빛의 굴절과 신기루

5-4-11 오로라

오로라는 주로 극 부근, 또는 그곳과 가까운 알래스카나 캐나다 상공에 보이는 발광현상이다. 태양은 빛 외에 전기를 가진 매우 작은 입자의 전자나 양자를 지구에 방출한다. 이러한 전자나 양자는 지구 상공 100∼400km 고도 부근에 존재하는 전기를 띈 공기 입자와 부딪혀 빨강, 흰색, 녹색 등으로 발광하게 된다. 매우 높은 상공에서 번화가의 네온사인과 같은 원리로 빛나는 현상이 오로라다.

오로라가 극지방에서만 나타나는 것은, 〈그림 5-4-3〉에 나타낸 것과 같이 지구가 자석과 같이 자장을 가지고 있기 때문이다. 자석의 남북

방향이나 컴퍼스의 바늘은 지구의 자장을 받아 항상 남북 방향을 가리킨다. 이것은 지구 자체가 큰 자석이기 때문이다. 지구의 자력은 경도선 방향을 따라 작용한다. 이 자력이 작용하고 있는 곳을 자기장이라 한다. 태양에서 오는 전기를 가진 전자나 양자는 이 경도선 방향의 자기장을 뚫지 못하므로 지구에 접근할 수 없다. 그러나 극지방은 이러한 전자나 양자가 자기장을 뚫지 않고, 자기장 선을 따라 지구에 다다를 수 있는 곳이어서 공기 입자와 부딪혀 발광하게 된다. 오로라는 중위도 부근에서 매우 드물게 관측되는데, 태양에서 오는 물질들이 활발하고 강하면, 오로라가 일시적으로 남쪽으로 내려와 중위도 부근의 상공에 나타나기도 한다.

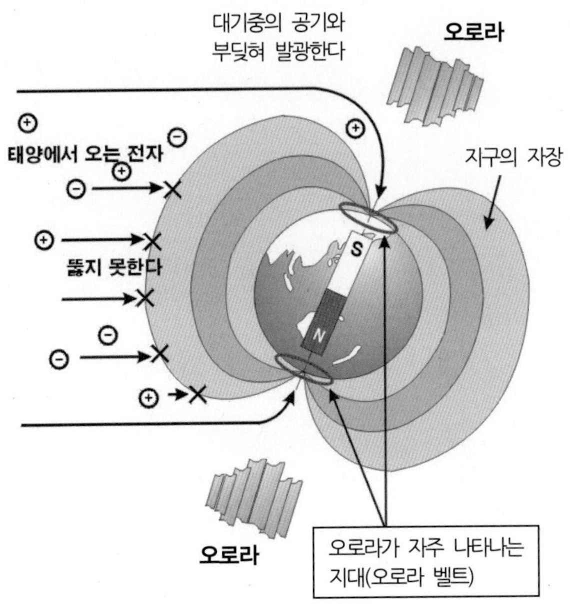

〈그림 5-4-3〉 지구 자기장과 오로라

| 참고문헌 |

- 金光植, 氣象知識, 一志社(1973).
- 斎藤錬一, 気象の教室, 東京堂出版(1976).
- 朴大弘, 海洋氣象學, 海文出版社(1983).
- 飯田睦治郎, 新しい気象学入門, 講談社(1985).
- 小林壽太郎, 気象をはかる,日本規格協会(1988).
- 福地章, 海洋気象講座, 成山堂書店(1991).
- オリンポス, 気象のしくみ, ナツメ社(1998).
- John A. Knauss, Introduction to Physical Oceanography(1997).

저자소개

추효상

일본 東京대학 해양연구소 자원환경부문 박사(1992)
일본 京都대학 해양생물환경학과 연구원 역임
미국 루이지애나 주립대학 연안해양연구소 연구원 역임
한국 원자력연구소 원자력안전센터 연구원

저서: 「海流と生物資源」, 日本, 成山堂書店, 2004
「환경해양학」, 전남대학교출판부, 2009

현재 전남대학교 해양기술학부 환경해양학 전공 교수

기상의 구조

인쇄 | 2010년 8월 20일
발행 | 2010년 8월 25일

저자 | 추효상
발행 | 김윤수
발행처 | 전남대학교출판부

등록 | 1981. 5. 21. 제53호
주소 | 500-757 광주광역시 북구 용봉로 77
전화 | (062) 530-0571~3
팩스 | (062) 530-0579
홈페이지 | http://altair.chonnam.ac.kr/~cnup

값 12,000원

ISBN 978-89-7598-849-3 (93440)

이 도서의 국립중앙도서관 출판시도서목록(CIP)은 e-CIP홈페이지(http://www.nl.go.kr/ecip)에서 이용하실 수 있습니다.
(CIP제어번호: CIP2010003064)